農地事務担当者の
行政法総論

弁護士　宮﨑直己　著

大成出版社

はしがき

本書は、日々農地法の運用に携わっておられる地方公共団体の担当職員の方々に対し、有益と考えられる行政法総論の基礎知識を、平易かつ具体的に提供することを主たる目的として作成されました。

そのため、次の点に留意しました。

第一に、効率的学習を可能とするため、記述の範囲を農地法の解釈に必要な分野・論点に絞りました。

第二に、行政法総論に関する定評ある教科書を数多く参照することによって、内容面の信頼性を高めました。

第三に、重要と思われる判例をやや詳しく引用することによって、裁判所の考え方を正確に理解していただくよう努めました。

本書は、右のような意図をもって作成されましたが、内容的にみた場合、やや高度の水準に属するものも含まれています。そのため、例えば、上級職公務員試験に向けた副読本として使用することも十分可能ではないかと考えます。

最後となりましたが、本書の作成に当たっては、当事務所の下坂元理恵子さん及び松本千博さんに補助的な作業を手伝っていただきました。また、大成出版社編集部の山本真部長には、これまでと同様にお世話になりました。私としては、これらの方々に対し、御礼申し上げたいと思います。

平成三〇年一二月

弁護士　宮﨑直己

凡例

一　法令の表記

根拠法令（カッコ内）については、農地法・農地法施行令・農地法施行規則を、それぞれ「法」・「令」・「規」としたほかは、次の略称で表記した。

《法令の略称》（五〇音順）

行執	行政代執行法
行審	行政不服審査法
行訴	行政事件訴訟法
行手	行政手続法
刑訴	刑事訴訟法
刑	刑法
憲	憲法
国組	国家行政組織法
自治	地方自治法
農委	農業委員会等に関する法律
民	民法
民訴	民事訴訟法

二　判例の表記

判例の表記は、以下の例によった。最高裁判所平成二〇年九月一〇日判決、最高裁判所民事判例集六二巻八号二〇二九頁→最判平二〇・九・一〇民集六二・八・二〇二九

《判例集・雑誌の略称》

民　集　　最高裁判所民事判例集
刑　集　　最高裁判所刑事判例集
行　集　　行政事件裁判例集
判　時　　判例時報
判　タ　　判例タイムズ

三　参考文献略語表

宇賀克也　行政法概説Ⅰ〔第六版〕行政法総論　→宇賀
同右　行政法概説Ⅱ〔第六版〕行政救済法　→宇賀Ⅱ
同右　地方自治法概説〔第七版〕　→宇賀自治
同右　行政手続三法の解説〔第二次改訂版〕　→宇賀手続
大橋洋一　行政法Ⅰ〔第三版〕現代行政過程論　→大橋
同右　行政法Ⅱ〔第三版〕現代行政救済論　→大橋Ⅱ
塩野宏　行政法Ⅰ〔第六版〕行政法総論　→塩野
同右　行政法Ⅱ〔第五版〕行政救済法　→塩野Ⅱ

同右	行政法Ⅲ〔第四版〕行政組織法	→塩野Ⅲ
芝池義一	行政法読本〔第四版〕	→芝池
高木光ほか	行政救済法〔第二版〕	→救済
田中二郎	新版行政法上巻〔全訂第二版〕	→田中
中原茂樹	基本行政法〔第三版〕	→中原
藤田宙靖	行政法総論	→藤田
同右	行政組織法	→藤田組織
猪野積	地方自治法講義〔第三版〕	→猪野
川﨑政司	地方自治法解説〔第七版〕	→川﨑
松本英昭	要説地方自治法〔第十次改訂版〕	→松本
北村喜宣ほか	行政代執行法の理論と実践	→北村ほか
橋本博之ほか	新しい行政不服審査制度	→制度
添田徹郎ほか	Q&A行政不服審査法	→Q&A
行政管理研究センター	逐条解説行政不服審査法〔新政省令対応版〕	→逐条行審
同右	逐条解説行政手続法〔二七年改訂版〕	→逐条行手
法曹会	最高裁判所判例解説民事篇平成〇年度	→判解平成〇年度
農地制度実務研究会	逐条農地法	→逐条農地

目次

第二章　行政行為

第三章 行政裁量

第四章 行政手続

第五章　行政上の強制執行その他

第六章　行政救済

資　料

第一章　行政基準

第一節　農地法と行政法

一―一―一　一　農地法の体系

一―一―一㈠　㈠　はじめに

はしがきでも触れましたが、本書は、農地法を正しく解釈・運用する責務を負う地方公共団体の職員の方々を主な読者対象として、実際に職務を行う上で有益と考えられる行政法総論の基礎知識を、平易かつ具体的に解説する目的をもって作成されました。

本書の特徴は、行政法総論の重要論点を縦糸とし、また、農地法の条文を横糸として、布を織るようにして解説を行うところにあります。ただし、行政法総論の全ての論点について逐一解説を試みようとする意図はなく、あくまで農地法の解釈に必要な限度で論述を行うものです。

一―一―一㈡　㈡　農地法の体系

農地法一条は、その立法目的を掲げています。それを要約すれば、①農地転用を規制すること、②農地を効率的に利用する耕作者による権利取得を促進すること、③農地の利用関係を調整すること、④農地の農業上の利用を確保するための措置を講ずることを通じ、「耕作者の地位の安定と国内の農業生産の増大を図り、もつて国民に対する食料の安定供給の確保に資することを目的とする」ものです。

農地法は、「第一章　総則」、「第二章　権利移動及び転用の制限等」、「第三章　利用関係の調整等」、「第四章　遊休農地に関する措置」、「第五章　雑則」という構成をとります。そして、右に掲げた五つの章のうち、行政法上の論点を最も多く含むものは、第二章及び第三章といえます。

一―一―二

二　農地法にかかわる行政法上の重要点

農地法を正しく解釈・運用するに当たり、本書は、次に掲げる六つの重要点を抽出しました。

① 行政基準（行政立法）
② 行政行為（行政処分）
③ 行政裁量
④ 行政手続
⑤ 行政上の強制執行その他
⑥ 行政救済

そこで、これらの六個の論点について、第一章から第六章までにおいて順次解説を行います。

第二節　行政基準（行政立法）

一－二－一

一　法律による行政の原理

ア　都道府県又は市町村農業委員会の農地事務担当者が、その許可権限を適切に行使しようとする場合、法律上の根拠に基づいて行う必要があります。

例えば、農地法三条に基づく許可の場合、「農地又は採草放牧地について所有権を移転し、又は地上権、永小作権、質権、使用貸借による権利、賃借権若しくはその他の使用及び収益を目的とする権利を設定し、若しくは移転する場合には、政令で定めるところにより、当事者が農業委員会の許可を受けなければならない。」と定められています（法三条一項本文）。そして、許可又は不許可の処分を決定するに当たっては、同条二項が、「前項の許可は、次の各号のいずれかに該当する場合には、することができない。」と規定します。

イ　このことから、農地法三条を根拠として農業委員会が処分を決定するに当たっては、農地法という法律に拘束されていることが分かります。このような仕組みを一般に法律による行政の原理ないし法治主義といいます（藤田五六頁）。

法律による行政の原理

法律の法規創造力の原則
法律の優位の原則
法律の留保の原則

法律による行政の原理は、さらに、法律の法規創造力の原則（立法権のみが法律を制定できる。）、法律の優位の原則（法律に違反した行政活動は違法とされる。）及び法律の留保の原則（一定の行政活動を行うにはその根拠となる法律が必要となる。）の三つに区分することが可能です。

一－二－二

二　法規命令

一－二－二㈠

㈠　行政基準の必要性

政令
農林水産省令

ア　農業委員会が農地法三条の許可処分（又は不許可処分）を行う場合、農地法に明記された条文の意味内容の解釈に終始していれば十分という訳ではありません。それは、農地法の中に、例えば、「政令で定めるところにより」（法三条一項本文）とか、「その他農林水産省令で定める場合」（同項一六号）と定められていることが、しばしばあるためです。

イ　右の場合、政令または農林水産省令の内容にまで踏み込んだ上で個々の申請について検討しないと、全体として正しい判断に到達することができません。現代の複雑化した行政課題に迅速かつ適切に対処するためには、法律のみでは不十分であり、法律の規定を受けた一般的規律の存在が必要不可欠となります。

このように、政令や農林水産省令のような、法律（農地法）の内容を具体化するため

行政機関
行政基準

に、行政機関（行政機関とは、行政主体の内部に置かれた行政組織を構成する単位をいいます。例えば、農林水産省の農林水産大臣、○○局長、○○課長がこれに当たります。）が定立する基準を広く行政基準といいます（大橋一二九頁）。政令や省令は、後に述べるとおり、行政基準の中の法規命令に当たります。

一－二－二㈡

㈡　行政基準の種類

ア　行政基準は、通常、法規命令と行政規則に分けられます。

行政基準
- 法規命令……政令、内閣府令、省令、外局規則、人事院規則等
- 行政規則……訓令、通達、通知、要綱、ガイドライン等

法規命令
行政主体

イ　行政基準のうち、法規命令とは、行政機関の制定する、行政主体（国、県、市町村などのように、行政上の権利・義務が帰属する法人格を指します。）と私人（一般国民）の権利義務に関する一般的規律をいいます（塩野一〇四頁）。

法規

法規命令は、法規たる性質を有する命令のことですが、ここで「法規」の意味が問題となります。法規とは、国民の権利義務に変動を及ぼす一般的規律をいうとされていま

唯一の立法機関
法律

す（藤田五七頁）。この法規を定立できるのは、原則として、唯一の立法機関である国会のみです（憲四一条）。そして、立法機関である国会は、法規を法律という形で定立します。

他方、行政機関（内閣、各省大臣など）が法規を定立しようとした場合、法律による授権（委任）が必要となります。法律による授権を受けて行政機関が定立した法規を法規命令と呼びます。法規命令は、現実には、政令、内閣府令、省令等として存在します。

行政規則
外部的効果

他方、行政規則とは、同じく行政機関が定立する定め（ルール）ですが、一般国民の権利義務に直接関係しないものを指します（外部的効果を有しません。一-二-三㈠参照）。

一-二-二㈢
行政立法

㈢　法規命令の制定根拠

ア　前に述べたとおり、一般国民の権利義務に直接関係する性質を持つ法規命令の場合は、行政機関による立法（行政立法）という性質を有しますから、法規命令を定めるに当たっては、国会を唯一の立法機関と定めた憲法四一条との関係で問題を生じます。

ところが、憲法七三条六号本文は、内閣の職務の一つとして、「この憲法及び法律の規定を実施するために、政令を制定すること。」と定めています。したがって、少なくとも法律の委任に基づく政令の制定は、憲法上可能と解されます（宇賀二七五頁）。

イ　また、省令については、国家行政組織法一二条一項が、「各省大臣は、主任の行政事務について、法律若しくは政令を施行するため、又は法律若しくは政令の特別の委任に基づいて、それぞれその機関の命令として省令を発することができる。」と定めています。

ウ　農地関係法に即していえば、例えば、農地法、農業経営基盤強化促進法、農地中間管理事業の推進に関する法律などが、ここでいう「法律」に該当することはいうまでもありません。

他方、例えば、農地法三条一項本文の示す「政令で定めるところにより、当事者が農業委員会の許可を受けなければならない。」とされている場合や、同項一六号の示す「その他農林水産省令で定める場合」においては、右政令又は農林水産省令が、ここでいう「法規命令」に当たります。

これらの場合、政令又は農林水産省令は、国会で制定された農地法の明文による授権を受けて、行政機関たる内閣又は農林水産大臣によって制定されることになります。

㈣　委任命令と執行命令の区別

ア　行政法学の通説的立場は、法規命令をさらに二つのものに区分します。それは、委任命令と執行命令です。

法規命令
├ 委任命令
└ 執行命令

委任命令
執行命令

イ　委任命令は、国民の権利義務の内容自体を定めるものですが、執行命令は、その内容自体ではなく内容実現のための書式や手続などを定めるものですから、後者については必ずしも具体的な法律の根拠は必要でないと説かれています（塩野一〇五頁、宇賀二七五頁、中原一四八頁）。

しかし、右の通説的見解に対しては、両者を明確に区別することが常に可能か、という疑問があります。また、執行命令としての性質を持つにすぎないものであっても、法規命令に分類される執行命令は、そもそも国民の権利義務に直接関係する法規としての性格を有していますから、何らの法的根拠もなく、行政機関がこれを自由に定立できると解釈することには無理があります（仮に法律の根拠を要しないと考えた場合、後に述べる行政規則との区別を説明することが困難となります。）。**（注一）**

ウ　これに関連して、先に国家行政組織法一二条一項を掲げましたが、同項の「法律

包括的委任規定

を施行するための省令」は執行命令に該当し、同項は、いわゆる包括的委任規定（一般的授権規定）に当たると考えることができます（芝池八七頁）。

他方、同項の「法律の特別の委任に基づく省令」は、委任命令に当たると解されます。するとここで、どのような内容の省令を制定する場合に法律の特別の委任を必要とするのか、という問題を生じます。

そこで、同条三項をみると、「省令には、法律の委任がなければ、罰則を設け、又は義務を課し、若しくは国民の権利を制限する規定を設けることができない。」と定められています。したがって、省令の中でも、国民に対し不利益を及ぼす規定については「法律の特別の委任」が必要となると解されます（芝池同頁）。**（注二）**

（注一） 有力説は次のとおり指摘する。「法規命令についてはなお、法律によって定められた権利・義務等を具体化するに当っての手続や形式を詳細化する（例えば、届出書や申請書の記載事項を詳細に定める）『執行命令』と、実体的に新たな権利や義務を定める『委任命令』とが、概念的に区別されることがある。前者は、憲法七三条六号、内閣府設置法七条三項、国家行政組織法十二条一項・十三条一項等による一般的な授権で足りるが、後者については、更に、法律の特別の授権を必要とする、とされるのが通例である〔中略〕。ただ、右の意味での執行命令と言っても、国民の権利・義務との関係という見地から両者を理論的に明確に区別することは、究極的には恐らく不可能であり、また、現実にも、両者の法解釈論的区別には困難な判断を伴うことがあるのを避けられない。」（藤田二九六頁）。

農地所有適格法人

（注二） 例えば、農地法二条三項は、農地所有適格法人について定め、同条二項で、同法人の構成員となり得るものについて、その要件を列挙している（構成員要件）。そして、同項ホは、農業に常時従事する者（常時従事者）について規定するが、同条四項は、「前項第二号ホに規定する常時従事者であるかどうかを判定すべき基準は、農林水産省令で定める。」としている。この場合、農林水産省令が、農地法二条三項二号ホの「常時従事者」に該当するか否かを実質的に決定することになる。そうすると、右省令は、単なる書式や手続などの形式的規定を超える内容を含むものとなるから、農地法の特別の委任に基づく省令に当たると解される。

一－二－二(五)

(五) 委任立法の限界

ア 委任立法の限界については、二つの問題に区別して考える必要があります。

第一に、法律による行政の原理から導かれる限界です。既に述べたとおり、法律の法規創造力の原則から、立法府（国会）のみが法律を制定できることになります。ところが、立法府が法律を制定するに当たって、委任の仕方を誤ったのではないかという疑義を生ずることがあります（塩野一〇七頁）。

換言しますと、法律が、本来であれば法律に規定しておくべき事項を委任命令で定め

白紙委任

る旨の委任条項を置くに当たっては、委任の対象となる事項を、個別・具体的に特定して行う必要があり、いわゆる白紙委任は、憲法四一条に反して許されないということです（中原一四九頁）。

政治的行為の制限

具体例として、国家公務員の政治的行為の制限を人事院規則に委任したことの当否（合憲性）が争われた事件があります（最判昭三三・五・一刑集一二・七・一二七二）。この事件について、最高裁は合憲判断を下しています。

右判決は、国家公務員法一〇二条一項は、憲法の許容する委任の限度を超えるものではないとしましたが、学説には批判的な立場をとるものが多くみられます。**（注一）（注二）**

違法命令

イ　第二に、委任する側の法律には特に問題が認められないが、委任を受けた行政機関の側で、委任の範囲を超えた命令を制定する場合があります（違法命令）。この場合は、委任を受けた命令自体が違法となります（塩野一〇七頁）。換言しますと、法の委任を受けて制定された命令が、委任の趣旨を逸脱していると判断されれば、命令が違法・無効となるということです。

農地法施行令

具体例として、かつて農地法施行令（政令）が無効と判断された事件があります。旧農地法八〇条は、国が強制買収した農地等について、政令で定めた認定基準に適合するときは売払いをしなければならないと定めていました。ところが、当時の政令（旧農地

売払い

法施行令一六条四号）は、「公用、公共用又は国民生活の安定上必要な施設の用に供されることが確実な土地等」であるときに限り、農林大臣（当時）において認定することができると定めていました。

最高裁は、右の場合以外にも、旧所有者への売払いを義務付けているものがあるのに、政令でそれを除外したことは違法であると判決しました（最判昭四六・一・二〇民集二五・一・一）。（注三）

（注一）最高裁は、昭和四九年に出した判決においても、「政治的行為の定めを人事院規則に委任する国公法一〇二条一項が、公務員の政治的中立性を損うおそれのある行動類型に属する政治的行為を具体的に定めることを委任するものであることは、同条項の合理的な解釈により理解し得るところである。（中略）右条項は、それが同法八二条による懲戒処分及び同法一一〇条一項一九号による刑罰の対象となる政治的行為の定めを一様に委任するものであるからといって、そのことの故に、憲法の許容する委任の限度を超えることになるものではない。」とした（最判昭四九・一一・六刑集二八・九・三九三）。

（注二）塩野説は、「しかし、形式的にみれば、その委任はやはり白紙的であるといわざるをえないのではないか。もしこれを合憲であるというとすれば、一つは、規律の対象が一般権力関係ではなく公務員関係であるということ、そして、いま一つは、規範定立者が、人事院という、内閣から独立して人事行政を遂行する合議体の機関である、というところにあると思われる。」との見解を示している（塩野一〇七頁）。

（注三） 最高裁は、「農地買収の目的に優先する公用等の目的に供する緊急の必要があり、かつ、その用に供されることが確実であるという場合ではなくても、当該買収農地自体、社会的、経済的にみて、すでにその農地としての現況を将来にわたって維持すべき意義を失い、近く農地以外のものとすることを相当とするもの（法七条一項四号参照）として、買収の目的である自作農の創設等の目標に供しないことを相当とする状況にあるといいうるものが生ずるであろうことは、当然に予測されるところであり、法八〇条は、もとよりこのような買収農地についても旧所有者への売払いを義務付けているものと解されなければならないのである。〔中略〕したがって、同条の認定をすることができる場合につき、令一六条が、自創法三条による買収農地については令一六条四号の場合にかぎることとし、それ以外の前記のような場合につき法八〇条の認定をすることができないとしたことは、法の委任の範囲を越えた無効のものというのほかはない。」と判示した（最判昭四二・一・二〇民集二五・一・一）。

三　行政規則

一-二-三

㈠　行政規則の種類

一-二-三㈠

ア　先に述べたとおり、行政規則とは、行政機関が定立する規範の一種ですが、国民

訓令
通達
通知
要綱
ガイドライン
告示

の権利義務の発生、変更又は消滅に対する効果を有しません。そして、行政規則は、法規としての効力を有しませんから、法律の授権なく行政機関がこれを定めることができます（宇賀二九〇頁）。

イ　行政規則は、通常、訓令、通達、通知、要綱、ガイドラインなどの形式をもって制定されます。これに関連し、国家行政組織法一四条二項は、「各省大臣、各委員会及び各庁の長官は、その機関の所掌事務について、命令又は示達をするため、所管の諸機関及び職員に対し、訓令又は通達を発することができる。」と定めています。

ウ　また、告示についても、同条一項が、「各省大臣、各委員会及び各庁の長官は、その機関の所掌事務について、公示を必要とする場合においては、告示を発することができる。」と定めています。

告示の法的性質について、「法規命令たる性格をもつ場合もあれば、行政規則としての性格をもつこともあるので、具体的に判断することが必要である。」と解する立場が有力です（塩野一一二頁）。告示の中でも、法規命令たる性質を有するものは、法的拘束力があると考えられます。

なお、告示の具体例として、学習指導要領（文部科学省）、生活保護基準（厚生労働省）、地方税法三八八条に基づく固定資産評価基準（総務省）、環境基準（環境省）などがあります。**（注一）（注二）（注三）**

支払基準

（注一）自動車損害賠償保障法一六条の三に基づいて制定された支払基準は、損害保険会社を拘束する効果はあるが、一般国民や裁判所を拘束する効果を有しないとした最高裁判例がある。同判決は、「法一六条の三第一項の規定内容からすると、同項が、保険会社に、支払基準に従って保険金等を支払うことを義務付けた規定であることは明らかであって、支払基準が保険会社以外の者も拘束する旨を規定したものと解することはできない。支払基準は、保険会社が訴訟外で保険金等を支払う場合に従うべき基準にすぎないものというべきである。」と判示した（最判平一八・三・三〇民集六〇・三・一二四二）。

固定資産評価基準

（注二）土地課税台帳に登録された価格が、地方税法三八八条一項の定める固定資産評価基準によって決定される価格を上回った場合に、登録価格の決定は違法となるとした最高裁判決がある。同判決は、「地方税法は、固定資産税の課税標準に係る固定資産の評価の基準並びに評価の実施の方法及び手続を総務大臣（平成一三年一月五日以前は自治大臣。以下同じ。）の告示に係る評価基準に委ね（三八八条一項）、市町村長は、評価基準によって、固定資産の価格を決定しなければならないと定めている（四〇三条一項）。これは、全国一律の統一的な評価基準による評価によって、各市町村全体の評価の均衡を図り、評価に関与する者の個人差に基づく評価の不均衡を解消するために、固定資産の価格は評価基準によって決定されることを要するものとする趣旨であると解され（前掲最高裁平成一五年六月二六日第一小法廷判決参照）、これを受けて全国一律に適用される評価基準として昭和三八年自治省告示第一五八号が定められ、その後数次の改正が行われている。これらの地方税法の規定及びその趣旨等に鑑みれば、固定資産税の課税においてこのような全国一律の統一的な評価基準に従って公平な評価を受ける利益は、適正な時価との多寡の問題とは別にそれ自体が地方税法上保護されるべきものということができる。したがって、土地の基準年度に係る賦課期日における登録価格が評価基準によって決定される価格を上回る場合には、同期日における当該土地の客観的な交換価値としての適正な時価を上回るか否かにかかわらず、その登録価格の決定は違法となるものというべきである。」と判示した（最判平二五・七・一二民集六七・六・一二五五）。なお、判解平成二五年度解説は、「従来最高裁判例は、土地の基準年度に係る賦課期日における登録価格が同期日における当該土地の客観的な交換価値としての適正な時価を上回る場合のみならず、評価基準によって決定される価格を上回る場合にも、当該登録価格の決定は違法となるという考え方を一貫して採用してきたものと解される。」という見解を示している（判解平成二五年度三四五頁）。

学習指導要領

（注三）　最高裁は、いわゆる伝習館高校事件判決において、学習指導要領について、「高等学校学習要領（昭和三五年文部省告示第九四号）は法規としての性質を有するとした原審の判断は、正当として是認することができ、右学習指導要領の性質をそのように解することが憲法二三条、二六条に違反するものでない」ことは、昭和五一年五月二一日大法廷判決の趣旨とするところであると判示している（最判平二・一・一八判時一三三七・三）。

一―二―三㈡

㈡　行政規則の分類

ア　行政規則をその機能面から考察した場合、大きく、解釈基準、裁量基準及び指導要綱・給付規則の三つに分けることができます。

解釈基準

解釈基準とは、法令解釈の統一性を保つために、行政組織の内部で、上級行政機関が下級行政機関に対して発する基準を指します（宇賀二九二頁）。

裁量基準

これに対し、裁量基準は、行政庁が処分をしようとする場合に、行政機関の内部で裁量権行使の基準を定めたものをいいます（同二九三頁）。ここでいう処分には、申請に対する処分と相手方に対する不利益処分があります。

指導要綱

給付規則

行政規則には、そのほかに指導要綱や給付規則というものもあります。これらのうち、指導要綱は、主に地方公共団体が相手方国民に対し行政指導を行う場合に、行政指導の内容や行使の仕方をあらかじめ成文化したものということができます（塩野一二〇頁）。また、給付規則とは、国又は地方公共団体が、私人に対し補助金を交付する際の給付基準を指します（同一一九頁）。

イ　行政規則の分類方法については、ほかにもいろいろな考え方があると思いますが、本書では、次のとおり、大きく三つのものに分けておきたいと考えます。

行政規則
- 解釈基準
- 裁量基準
- 指導要綱・給付規則

一―二―四

四　行政規則をめぐる問題点

一―二―四㈠

㈠　解釈基準

訓令
通達

ア　前にも触れましたが、行政機関がその所管する法令に基づいて担当する事務を処理しようとした場合、行政上の事務処理の統一性又は公平性を保つため、何らかの基準（ルール）を定めておく必要があります。そのため、上級行政機関は、訓令又は通達という形式を用いて、下級行政機関に対し命令を発することができます（国家行政一四条二項）。**（注）**

通達は、下級行政機関を拘束しますが、それ以外の行政機関、裁判所、一般国民などを拘束する効力はありません（外部的効力がありません。）。

解釈基準

また、通達は、上級行政機関から、下級行政機関に対して発せられる基準であり、それが法令解釈の統一性を確保する目的を持つ場合は、解釈基準ということになります。

イ　ところで、農地法六三条一項柱書は、「この法律の規定により都道府県又は市町村が処理することとされている事務のうち、次の各号及び次項各号に掲げるもの以外のものは、地方自治法第二条第九項第一号に規定する第一号法定受託事務とする。」と定め、同条二項柱書は、「この法律の規定により市町村が処理することとされている事務のうち、次に掲げるものは、地方自治法第二条第九項第二号に規定する第二号法定受託事務とする。」と規定します。

地方公共団体の事務
- 自治事務
- 第一号法定受託事務
- 第二号法定受託事務

自治事務

第一号法定受託事務

第二号法定受託事務

事務処理要領

右の規定から、農地法に基づいて都道府県又は市町村が処理する事務の種類として、自治事務（自治二条八項）、第一号法定受託事務（同条九項一号）及び第二号法定受託事務（同項二号）の三つのものがあることが分かります（六－一－二(二)参照）。

ウ　例えば、国が発している「農地法関係事務処理要領」（平成二一・一二・一一　二一経営四六〇八、二一農振一五九九。以下「事務処理要領」といいます。）というものがあります。それをみると、「別添のとおり農地法関係事務処理要領を制定し、平成二一年一二月一五日から施行することとしたので、御了知の上、適正に事務を行われたい。」

と書かれています。右事務処理要領の内容をみる限り、主要な部分は、市町村農業委員会の事務処理に関するものであることが分かります（六－一－二㈢参照）。

ただし、農林水産大臣と市町村農業委員会とは、もちろん上級行政機関と下級行政機関の関係に立つものではなく、建前上はあくまで対等の法律関係にあります。したがって、先に述べたとおり、法律上の特別の根拠がないまま、農林水産大臣が、市町村農業委員会に対する指揮命令権を行使することは認められません。

関与

エ　この点について、地方自治法二四五条は、農林水産大臣（国の行政機関）が、市町村（普通地方公共団体）の事務処理について関与できることを認めています（自治二四五条一号から三号まで）。ただし、「普通地方公共団体は、その事務の処理に関し、法律又はこれに基づく政令によらなければ、普通地方公共団体に対する国又は都道府県の関与を受け、又は要することとされることはない。」と定められています（自治二四五条の二）。これを関与の法定主義といいます。

関与の法定主義

(注)　訓令と通達の違いについて、藤田説は、「『訓令』と『通達』の違いについて、例えば国家行政組織法一四条二項では、訓令＝命令の手段、通達＝示達の手段、と定義しているように見え、また、行政法の教科書においても、訓令は下命の性質を持つものであるが、通達は下命の内容は持たず一定の事実を通知するに止まるもの、という前提で説明されている場合が無くはない。しかし、指揮命令は、下命と同時に、そのような下

命がなされたという事実を通知して初めて意味を有するのであって、それ故にこそ訓令という名称の下に下級機関に伝達されるのであるし、また、通達は、一定の事実を通知するものであるにしても、何故に通知するかと言えば、その事実（例えば、法律の条文の公定解釈がそのように決まったという事実）を尊重し、それに従うべきことを前提としてこそ行われるのであるから、結局いずれも、下命と通知という両面の性質を持つことになるのであって、理論的に両者を厳密に区別することは不可能である。」と述べている（藤田組織七六頁）。

一―二―四㈡

㈡　技術的助言

技術的助言

地方自治法二四五条の四は、各大臣（農林水産大臣）又は都道府県知事などから、普通地方公共団体に対し、「事務の運営その他の事項について適切と認める技術的な助言若しくは勧告」をすることができる旨を定めています。本条は、地方公共団体に対する関与の一類型を示したものと解されます（宇賀自治三八九頁）。そして、前記事務処理要領は、ここでいう技術的助言の性格を有すると理解できます。

運用について

右事務処理要領や「農地法の運用について」（平成二一・一二・一一　二一経営四五三〇、二一農振一五九八。以下「運用について」といいます。）などは、いずれも単なる技術的助言にすぎないため法的な拘束力はなく、それらを受けた地方公共団体としては、必ずしもそれらに従って事務を処理する法的義務を負わないと解されます。

一－二－四(三)

処理基準

(三)　処理基準

ア　地方自治法二四五条の九第一項は、「各大臣は、その所管する法律又はこれに基づく政令に係る都道府県の法定受託事務の処理について、都道府県が当該法定受託事務を処理するに当たりよるべき基準を定めることができる。」と定めます。この「よるべき基準」が処理基準といわれるものです。

また、同条二項は、同様に、都道府県知事が、市町村長その他の市町村の執行機関（教育委員会及び選挙管理委員会を除く。）の担任する法定受託事務の処理について、市町村が当該法定受託事務を処理するに当たりよるべき基準を定めることができると規定します（同項一号）。この場合、都道府県知事が定める基準は、各大臣の定める基準に抵触することができません（自治二四五条の九第二項柱書）。

さらに、同条三項は、各大臣は、特に必要があると認めるときは、その所管する法律又はこれに基づく政令に係る市町村の第一号法定受託事務の処理について、市町村が当該第一号法定受託事務を処理するに当たりよるべき基準を定めることができると規定します。

このように、処理基準の制定権者は、各大臣又は都道府県知事であるとされています。

イ　右に述べたとおり、処理基準は、法定受託事務を処理するに当たりよるべき基準として一般的に定められるものにすぎません。地方公共団体に対し、具体的かつ個別的に関わるものではないので、関与には当たらないと解するのが一般的です（川﨑三八九頁、猪野二七七頁）。

一―二―四㈣
農地法関係事務処理基準

㈣　農地法における処理基準

ア　農地法の分野においても処理基準が存在します。「農地法関係事務に係る処理基準について」（平成一二・六・一　一二構改B四〇四。以下「農地法関係事務処理基準」といいます。）がそれに当たります。

右処理基準の通知者は、農林水産事務次官です。内容を読むと、「今般、当該事務について地方自治法第二四五条の九第一項及び第三項に基づく処理基準が、別紙のとおり定められたので、御了知の上、今後は、本基準によりこれらの事務を適正に処理されたい。なお、別紙の第一から第五まで、第七から第一三まで及び第二五から第二七までについては、その全部又は一部が市町村の第一号法定受託事務に係る処理基準であるので、管内の市町村に対しては、貴職から通知願いたい。以上、命により通知する。」と書かれています。

右処理基準は、農林水産大臣（行政庁）の補助機関である農林水産事務次官が、都道府県知事に対して通知したものです。単なる一国家公務員にすぎない農林水産事務次官が、なにゆえ地方公共団体の首長である都道府県知事に対し、「命により通知する」などという上意下達的な印象を与える物の言い方をする必要があるのか疑問がありますす（農林水産大臣から命令されて都道府県知事に対して通知するという意味と解することもできます。）。

イ　農地法関係事務処理基準の別紙一は、「第一　全般的事項」から始まり、「第一五法第六三条の二関係」まで続きます。その内容をみると、農地法の条文の意味について解釈を示すもの、条文の定める要件に該当するか否かの判断基準を示すもの、処分の許否判断に当たっての許可基準を明示するもの、許可条件の内容を明記するものなど、多岐にわたっています。このことから、同処理基準は、解釈基準及び裁量基準の双方の性質を有していると考えられます（宇賀自治四〇二頁）。

ウ　一般論として、処理基準の地方公共団体に対する拘束力の有無について、ある有力説は、法定受託事務に係る処理基準は、「事務を処理するに当たり『よるべき基準』であり、地方公共団体は、それに基づいて事務を処理することが法律上予定されているものである。『処理基準』と異なる事務処理が行われた場合において、法的な義務を果たしていないという評価を受ければ違法とされることもあり得る。また、『処理基準』

の内容が法令の解釈に係る場合には、処理基準と異なる解釈による事務処理が法令違反と評価されることもあると考えられる。」とします（松本六九四頁）。

エ　それに対し、別の有力説は、「解釈基準、裁量基準としての処理基準は、下級行政庁ではない地方公共団体に対し、直ちに法的義務を課するものではないと解するのが、並立的協力関係論からの帰結である。ただし、各大臣は、処理基準に反していると認めるときは、是正の指示をすることがあるという関係にはある」としています（塩野Ⅲ二四五頁、同旨宇賀自治四〇二頁）。**（注）**

オ　本書の立場は、次のとおりです。

第一に、処理基準は、その目的を達成するため必要な最小限度のものでなければならないという制約の下（自治二四五条の九第五項）、各大臣が自由に定めることができる行政規則にすぎませんから、少なくとも、法律又は法規命令のような、一般国民に対する拘束力はないと考えられます。

第二に、国と地方公共団体の関係は、上級行政機関と下級行政機関の上下関係ではありませんから、処理基準の内容に地方公共団体が拘束されると考えることもできません。仮に地方公共団体が、農林水産大臣の示す農地法関係事務処理基準に反する法律解釈に従って行政処分を行ったとしても、右解釈が、農地法の解釈として客観的に適法なものと認められる場合は、当該処分に違法性はないことになります。

買受適格証明書

農地法関係事務処理の手引き

（注） 農地の不動産競売事件において、買受けを希望するA農業法人が、茨城県内の茨城町に対し、買受適格証明書の交付申請をしたところ、同町が不交付通知を行ったため、A農業法人が同町に対し、国家賠償法一条一項に基づいて損害賠償の支払を求めた事件がある。この裁判において、茨城町は、茨城県が作成した「農地法関係事務処理の手引き」の記載に従って不交付通知をしたにすぎないと抗弁したのに対し、水戸地裁は、平成二六年一月一六日、次のように述べて、A農業法人の請求の一部を認容した。判決は、「県手引きにおいて、競売に係る買受適格証明につき、『一筆の土地の一部が農地、一部が非農地の場合は、農地部分と非農地部分とに分筆されなければ証明の対象としない。』旨の記載があるところ、被告は、上記の県手引きの記載に従って本件不交付通知をしたにすぎないとして、国家賠償法一条一項所定の違法ないし過失を争うかのような主張をしている。しかしながら、県手引きは、地方公共団体の執行機関が定めた処理基準であって（地方自治法二四五条の九第二項一号参照）、被告農業委員会が個々の買受適格証明書の交付の適否を判断する上で法的拘束力を有するものではない。さらに、上記の県手引きの記載内容が、農地に違反転用部分がある場合に一律に買受適格証明書の交付を認めない旨を定めたものであるとすれば、前記(3)でみたように個々の事案において種々の事情が存在し得ることも踏まえると、前記(2)で説示した農地法三条の解釈に照らしてその正当性に疑問があることは明らかというべきである。そうすると、被告農業委員会が、前記(3)でみた事情があるにもかかわらず、上記の県手引きの記載を根

拠に、本件土地に違反転用部分があることをもって直ちに本件不交付通知をしたことは、職務上通常尽くすべき注意義務を尽くさずに漫然と上記行為をしたものと評価せざるを得ない。したがって、本件不交付通知は、国家賠償法一条一項の適用上違法と評価するのが相当であり、また、被告農業委員会に同項所定の過失が認められることも明らかであって、これに反する被告の前記主張は採用できない。」と判示した（判時二二一八・一〇八）。同判決は、茨城県の定めた右事務処理の手引は処理基準に当たると認めた上で、法的拘束力を有しないと判断した点が注目される（なお、国家賠償請求については、二－二－二㈠参照）。

一－二－五

五　行政規則と司法審査権の関係

一－二－五㈠

㈠　解釈基準と司法審査権の関係

解釈基準

ア　既に述べたとおり、解釈基準とは、上級行政機関が下級行政機関に対して示した法令解釈の基準を指します。

例えば、農地法二条一項は、「この法律で『農地』とは、耕作の目的に供される土地をいい」と定めます。このように、農地法は、明文で農地の定義を示していますが、しかし、「耕作の目的に供される土地」の意味をどのように解釈すべきかという問題が依然として残ります。

農地

そのため、農地法関係事務処理基準は、「『農地』とは、耕作の目的に供される土地をいう。この場合、『耕作』とは土地に労費を加え肥培管理を行って作物を栽培することをいい、『耕作の目的に供される土地』には、現に耕作されている土地のほか、現在は耕作されていなくても耕作しようとすればいつでも耕作できるような、すなわち、客観的に見てその現状が耕作の目的に供されるものと認められる土地（休耕地、不耕作地等）も含まれる。」という法解釈を示します（第一(1)①）。

司法審査権

イ　仮にある土地が、農地であるか否かをめぐって訴訟が提起された場合、司法機関としての性格を持つ裁判所は、農林水産大臣による農地法の条文解釈にとらわれることなく、裁判所が正しいと考える解釈に従って司法審査権を行使する、つまり司法判断を行うことができると解されます（塩野一一四頁、宇賀二九三頁、中原一六〇頁）。**(注)**

(注)　塩野説は、「ある通達に示された解釈に従って行政処分がなされ、その適法性が裁判所で問題となったときには、裁判所は独自の立場で法令を解釈・適用して、処分の適法・違法を判断すべきであって、通達に示されたところを考慮する必要はなく、むしろ考慮してはならないのである。」との見解を示している（塩野一一四頁）。

一－二－五(二)

(二)　裁量基準

裁量基準

ア　裁量基準とは、前にも述べましたが、行政機関が作成する内部基準を指します。

裁量処分

行政機関が行政処分を行うに当たり、どのような場合にどのような処分を行うかについて判断の余地（裁量権の行使）が与えられている場合があります（裁量処分。三－一－一㈠参照）。この場合、何らかの基準を設けておきませんと、行政庁による裁量権の行使過程に恣意が介入するおそれがあり、それを防止するために内部基準を設定するものです。

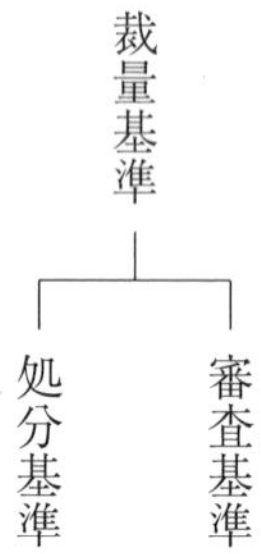

審査基準

イ　裁量基準は、右のとおり、二つのものに分けることが可能です。第一に、申請に対して処分を行う際の裁量基準である審査基準です（行手二条八号ロ）。**（注）**

処分基準

第二に、相手方に対して不利益処分を行う際の裁量基準である処分基準です（同号ハ）。

農地法関係事務処理基準

（注）　農地法関係事務処理基準は、裁量基準を定めている。その中で審査基準として、例えば、農地法三条二項ただし書に関連して、「区分地上権等の設定等の許可基準」として、次のように規定する。すなわち、「民法（明治二九年法律第八九号）第二六九条

の二第一項の地上権又はこれと内容を同じくするその他の権利の設定又は移転については、その権利の設定又は移転を認めてもその権利の設定又は移転に係る農地等及びその周辺の農地等に係る営農条件に支障を生ずるおそれがなく、かつ、その権利の設定又は移転に係る農地等をその権利の設定又は移転に係る目的に供する行為の妨げとなる権利を有する者の同意を得ていると認められる場合に限り許可するものとする。」とする（第三2⑴）。また、処分基準として、例えば、農地法五一条に定める違反転用に対する処分（不利益処分）に関連して、「処分に当たっての考慮事項」として、「都道府県知事等は、法第五一条第一項の規定による処分を行うに当たっては、違反転用事案の内容及び違反転用者等からの聴聞又は弁明の内容を検討するとともに、当該違反転用事案に係る土地の現況、その土地の周辺における土地の利用の状況、違反転用により農地及び採草放牧地以外のものになった後においてその土地に関し形成された法律関係、農地及び採草放牧地以外のものになった後の転得者が詐偽その他不正の手段により許可を受けた者からその情を知ってその土地を取得したかどうか、過去に違反転用を行ったことがあるかどうか、是正勧告を受けてもこれに従わないと思われるかどうか等の事情を総合的に考慮して処分の内容を決定するものとする。」と規定する（第一四1⑷）。これらの定めは、もちろん法規命令ではなく行政規則にすぎないが、これらの定めに、市町村農業委員会又は都道府県知事が、事務処理を行う上で法的に拘束されるか否かの点については、先にみたとおり争いがある（一－二－四㈣参照）。

一－二－五㈢
司法審査権

㈢　裁量基準と司法審査権の関係

ア　裁量基準と司法審査権の関係ですが、前に述べた解釈基準の場合とは異なる関係に立つと考えられます。この点について、最高裁は、内閣総理大臣の行った原子炉設置許可処分に対し、それが違法であると主張して愛媛県伊方町及び近隣の町に居住する住民らが求めた右処分の取消訴訟において、裁判所としての考え方を示しています。

それを一言でいいますと、専門家による調査審議において用いられた具体的審査基準に不合理な点があり、あるいは専門家による調査審議の過程に見過ごすことのできない過ちがあったにもかかわらず、右調査審議に依拠して許可処分が行われた場合にあっては、内閣総理大臣の判断に不合理な点があるものとして処分は違法と解される、というものです。**（注一）**

つまり、裁量基準が設定され、かつ、行政庁がこれに従って処分を決定した場合は、裁判所による司法審査は、その裁量基準に不合理な点があるかどうかについて行われるということです（塩野一一八頁、中原一五六頁。三－二－三㈣参照）。なお、仮に裁量基準自体に特に不合理な点は認められなかったとしても、それを基に行われた原子力委員会などの調査審議の過程において見逃すことのできない過誤・欠落が存在し、それを基に処分が行われた場合も違法となると解されます。**（注二）（注三）**

イ　次に、裁量基準は設定されているが、行政庁がその裁量基準から外れた処分をした場合に、当該処分は直ちに違法となるのか、という問題があります。

この問題についても最高裁の判例があり、「行政庁がその裁量に任された事項について裁量権行使の準則を定めることがあつても、このような準則は、本来、行政庁の処分の妥当性を確保するためのものなのであるから、処分が右準則に違背して行われたとしても、原則として当不当の問題を生ずるにとどまり、当然に違法となるものではない」としました（最判昭五三・一〇・四民集三二・七・一二二三）。

仮に裁量基準からの逸脱は一切許されないと考えますと、本来は行政規則にすぎないものが、法規命令と同じ効果を持つことになって、その妥当性に疑問が生じます（宇賀二九四頁）。したがって、裁量基準を適用しないことを正当化する特段の理由があれば、当該裁量基準に拠らずに処分を適法に決定することができると解されます。

（注一） 最高裁は、「原子炉施設の安全性に関する判断の適否が争われる原子炉設置許可処分の取消訴訟における裁判所の審理、判断は、原子力委員会若しくは原子炉安全専門審査会の専門技術的な調査審議及び判断を基にしてされた被告行政庁の判断に不合理な点があるか否かという観点から行われるべきであって、現在の科学技術水準に照らし、右調査審議において用いられた具体的審査基準に不合理な点があり、あるいは当該原子炉施設が右の具体的審査基準に適合するとした原子力委員会若しくは原子炉安全専門審査会の調査審議及び判断の過程に看過し難い過誤、欠落があり、被告行政庁の判断

区分地上権

がこれに依拠してされたと認められる場合には、被告行政庁の右判断に不合理な点があるものとして、右判断に基づく原子炉設置許可処分は違法と解すべきである。」とした（最判平四・一〇・二九民集四六・七・一一七四）。

（注二） 具体的審査基準に対する司法審査について、当該判例は、「調査審議において用いられる具体的審査基準の策定については専門技術的裁量が認められるが、右具体的審査基準が、現在の科学技術水準からみて、原子炉事故等による災害の防止を図る上で不合理なものでありこれに拠った安全審査が不合理であると認められる場合には、被告行政庁の判断に不合理な点があることとなり、右判断に基づく原子炉設置許可処分は、規制法二四条一項所定の安全性に関する許可基準に適合しないものとして、違法と解すべきことを明らかにしたものである。」と解説する立場がある（判解平成四年度四二二頁）。

（注三） 例えば、農地法関係事務処理基準は、農地について区分地上権を設定する内容の農地法三条許可申請については、当該権利を設定しようとする者（許可申請者）の行為の妨げとなる権利を有する者の同意を得ている必要があると定める。仮に、申請農地に正当な権利を有する賃借人が存在しているときは、同人の同意を要することになる。ところが、賃借人が同意しないため農業委員会が不許可処分を行い、これに対し、申請者から処分の取消しを求める抗告訴訟が提起された場合、裁判所としては右処理基準（裁量基準）に不合理な点が存在するか否かについて判断を下すことになると解される。

第二章　行政行為

第一節　行政行為（行政処分）

二－一－一

一　行政行為とは

二－一－一㈠

㈠　行政行為の分類

行政行為
行政庁の処分
行政処分

ア　これから述べる行政行為という用語は、学問上の概念であって、それ自体は実定法上の概念ではありません。実定法上は、行政庁の処分に当たる行為（行政処分）を指すと解されます（行訴三条二項。藤田三八二頁）。

そして、行政処分の意味について、最高裁は、「行政庁の法令に基づく行為のすべてを意味するものではなく、公権力の主体たる国または公共団体が行う行為のうち、その行為によって、直接国民の権利義務を形成しまたはその範囲を確定することが法律上認められているもの」をいうとしています（最判昭三九・一〇・二九民集一八・八・一八〇九頁）。**（注一）（注二）（注三）**

一般処分

行政処分は、原則として、個別的かつ具体的な内容を有します。しかし、中には、行政行為の内容は具体的であっても、その相手方が不特定多数人である場合もあります（例えば、道路の通行禁止処分がこれに当たります。）。このような行政処分は、一般処分と

意思表示

呼ばれます（芝池九九頁）。**（注四）**

イ　行政行為をどのように類型化するかという問題について、かつては、民法上の意思表示の有無を基準に、最初にこれを法律行為的行政行為と準法律行為的行政行為に大別し、前者をさらに命令的行為（下命、禁止、許可、免除）と形成的行為（特許、剝権、認可、代理）に分け、後者については、確認、公証、通知及び受理に分類するという考え方が主流をなしていたことがあります（田中一二〇頁）。

ウ　しかし、民法上の意思表示の有無を基準とする右のような区分論には疑問が呈されています（塩野一三一頁）。そこで、本書は、行政行為が、相手方たる私人の権利義務にどのような関わり方をするかという観点から行政行為を分類するという立場を基本的に支持します（藤田一九一頁）。

（注一）　行政処分の定義は、右に掲げた最高裁の判決のとおりである。行政行為と行政処分の相互関係については、前者が後者の一部分を成していると観念することが可能である（後者の方が、より広い概念といい得る。）。これは、行政行為以外の行政活動についても国民の権利救済を図る見地から、処分性を拡大して行政処分として捉え、取消訴訟の対象とした結果、生じたものである（大橋一七三頁）。

（注二）　行政処分の特徴として、公権力的行為であること、対外的な行為であること、具体的な行為であることなどの点をあげることができる（芝池九八頁、中原八五頁）。

権力的行為

第一に、権力的行為であるから、行政庁から行政処分が発せられると、相手方国民の意思とは無関係に、権利義務を一方的に変動させる効力が発生する。第二に、対外的行為であるから、行政機関が対外的に行うものに限られ、例えば、上級行政機関が下級行政機関に対して発する通達のような内部行為は、行政処分には当たらないとされる。これに関連して、行政機関相互の内部行為は、処分性を有しないと解される（宇賀Ⅱ一五七頁）。例えば、都道府県知事の行う建築許可に際して必要とされた消防長の同意がいったん出され、その後に地元住民等の反対もあって同意が取り消されたため、消防長の同意の取消しを違法であるとして提訴された同意取消処分の取消し及び無効確認請求事件について、最高裁は、本件消防長の「同意は、知事に対する行政機関相互間の行為であって、これにより対国民との直接の関係においてその権利義務を形成し又はその範囲を確定する行為とは認められないから、前記法律の適用については、これを訴訟の対象となる行政処分ということはできない。」という判断を示している（最判昭三四・一・二九民集一三・一・三二）。これに関連して、農地法一八条一項六号は、農地中間管理機構が、農地中間管理事業の推進に関する法律二〇条又は二一条二項の規定により都道府県知事の承認を受けて賃貸借の解除を行う場合を、農地法一八条許可の除外事由の一つとして定める。右の「承認」も、行政機関相互の内部行為に類似するものと解され、行政処分には該当しないと考える。第三に、法令の場合は、相手方国民に対し、一般的・抽象的に権利義務を生じさせるにすぎないが、行政処分の場合は、具体的な権利義

対外的行為

行政機関相互間の行為

承認

具体的な権利義務

権利取得の届出

過料

付款

条件
期限
負担
撤回権の留保

務が発生する点が法令とは異なる。例えば、農地について、農地法三条の三は、農地法三条許可を要することなく、所有権、賃借権などの権利を取得した者に対し、「遅滞なく、農林水産省令で定めるところにより、その農地又は採草放牧地の存する市町村の農業委員会にその旨を届け出なければならない。」と定める（権利取得の届出）。このように、例えば、相続によって農地の権利を取得した者については、同条によって権利取得の届出義務が発生する。しかし、その義務は、一般的・抽象的な義務にとどまる。ただし、仮に同人が当該義務を履行しないときは、過料の制裁を加えられることになる（農六九条。五－二－一㈢参照）。

（注三） 行政行為には付款を付けることができる。付款とは、行政法学の伝統的理解によれば、本体たる行政行為に付加される付随的な意思表示であって、本体たる行政行為の内容について、発生、変更、消滅等の効果を持たせるものをいうとされている。付款の種類として、少なくとも、①条件（停止条件及び解除条件。民一二七条）、②期限（始期及び終期。民一三五条）、③負担（相手方に対し一定の義務を課するものをいう。）、④撤回権の留保（特定の場合に行政行為の撤回が行われ得ることを留保しておくものをいう。）の四つのものを掲げることが可能である（芝池一〇五頁、大橋一九五頁）。付款を付することは、行政裁量権の行使に当たることから、一定の限界が認められている。なお、例えば、農地法三条六項は、「農業委員会は、第三項の規定により第一項の許可をする場合には、〔中略〕使用貸借による権利又は賃借権の設定を受けた者

法定付款

が、農林水産省令で定めるところにより、毎年、その農地又は採草放牧地の利用の状況について、農業委員会に報告しなければならない旨の条件を付するものとする。」と定めているが、右の「条件」は、付款の中の負担に当たるものと解される。このように、農地法などの実体法によって法定化された付款を、法定付款と呼ぶことがある。

みなし道路（二項道路）一括指定

（注四） 建築基準法の特定行政庁に当たる奈良県知事が、告示により「幅員四メートル未満一・八メートル以上の道」を、同法四二条二項の、みなし道路（二項道路）に指定したところ、いわゆる一括指定の方法による本件指定が抗告訴訟の対象となる行政処分に当たるか否かが争われた事件がある。最高裁は、「本件告示は、幅員四m未満一・八m以上の道を一括して二項道路として指定するものであるが、これによって、法第三章の規定が適用されるに至った時点において現に建築物が立ち並んでいる幅員四m未満の道のうち、本件告示の定める幅員一・八m以上の条件に合致するものすべてについて二項道路としての指定がされたこととなり、当該道につき指定の効果が生じるものと解される。〔中略〕そして、本件告示によって二項道路の指定の効果が生じるものと解する以上、このような指定の効果が及ぶ個々の道は二項道路とされ、その敷地所有者は当該道路につき道路内の建築等が制限され（法四四条）、市道の変更又は廃止が制限される（法四五条）等の具体的な私権の制限を受けることになるのである。そうすると、特定行政庁による二項道路の指定は、それが一括指定の方法でされた場合であっても、個別の土地についてその本来的な効果として具体的な私権制限を発生させるものであり、個人の権利義務に対して直接影響を与えるものということができる。したがって、本件告示のような一括指定の方法による二項道路の指定も、抗告訴訟の対象となる行政処分に当たると解すべきである。」と判示して、本件告示について行政処分性を認めた（最判平一四・一・一七民集五六・一・一）。すなわち、本件一括指定は、一般処分に当たることを認めたものと解される（判解平成一四年度（上）一一頁）。

二－一－一(二)

命令的行為

(二)　命令的行為と形成的行為

前記の立場によれば、行政行為は、命令的行為と形成的行為に分けることが可能です（藤田一九七頁）。そして、以下に掲げる分類及び命名は、行政法学上のそれであり、個別法における行政処分の名称（例　許可、届出、裁定、命令等）とは必ずしも一致しません（塩野一三二頁）。

ア　命令的行為とは、下命、免除、禁止及び許可の四つを指します。これらのうち、下命と免除、禁止と許可が、互いに反対の概念となります。まず、命令的行為とは、私人の活動の自由を規制するものといえます（大橋一七三頁）。

下命（作為の命令）	↕	免除（作為命令の解除）
禁止（不作為の命令）	↕	許可（不作為命令の解除）

形成的行為

イ　他方、形成的行為とは、特許（設権行為）、剥権及び認可の三つを指し、これらのうち、特許と剥権は反対の概念となります。このように、形成的行為は、私人に対し、特定の権利・地位を与えたり（又は奪ったり）、あるいは私人間の契約行為に対して法的効果を付与する行為を指します。

特許（設権行為）（特定の権利・地位の付与）	↕	剥権（特定の権利・地位の剥奪）
認可（私人間の契約行為の有効化）		

確定行為

ウ　右の分類に加えて確定行為という類型を提唱する立場もあります（塩野一三四頁）。確定行為とは、法律関係を確定させる行為であり、例えば、租税の更正処分がこれに当たるとされています。**(注)**

エ　右に掲げた行為のうち、下命（又は禁止）、許可、特許及び認可について、これから順次説明を加えます。

(注)　藤田説は、従来から説明されてきた「確認」、「公証」、「通知」、「受理」等の行為類型は、命令的行為及び形成的行為という分類の観点とは異なる、行政行為の特殊の効果の有無をめぐる分類概念であると説く（藤田二〇〇頁）。

二－一－二

二　行政行為の種類

二－一－二(一)

(一)　下命（又は禁止）

下命

禁止

ア　下命とは、相手方私人（国民）に対し、ある行為を事実上行うことを命ずる行為をいいます。これに対し、ある行為を事実上行わないように命ずる行為を禁止といいます。

イ　例えば、農地法五一条一項は、都道府県知事は、違反転用者等に対し、原状回復等の措置を講ずべきことを命ずることができる、と定めています。仮に原状回復命令を発する都道府県知事を「A県知事」とし、違反転用者を「B」とした場合、A県知事は、Bに対し、違法に転用された土地を元の農地に戻すこと、つまり原状回復をするよう命令することができます。この場合の原状回復命令は、命令的行為の中の下命（作為命令）に当たると解されます。

原状回復命令

ウ　右の例において、仮にBがA県知事の命令に従わない場合、一定の要件の下、A県知事において自ら原状回復の措置の全部又は一部を行うことも認められています（行政上の強制執行。法五一条三項一号。五－一－二(四)参照）。

行政上の強制執行

エ　このように、相手方BがA県知事の命令に従わない場合に、当該命令の効果を実現しようとするときは、右記のとおり、A県知事において行政上の強制執行を行うこと

行政刑罰

のほか、Bに対し、行政刑罰を科することによって実効性を確保するほかないと考えられます（藤田一九三頁。五－二－一㈠参照）。

二－一－二㈡

㈡　許可

許可

ア　許可とは、法令（又は行政処分）による一般的禁止を解除する行為をいいます（藤田一九三頁、宇賀八六頁・一〇四頁）。ここでいう「許可」制は、私人の活動の自由を規制する機能を有しています。つまり、公共の秩序と安全の維持を図ることを目的とする警察許可の性質を一般的に有するといえます（宇賀八七頁、芝池一〇〇頁）。ただし、許可を受けたからといって、何か特別の権利を付与されたことにはならず、許可を受けるまで禁止されていた行動の自由が回復するにとどまります（藤田一九四頁）。

警察許可

イ　例えば、農地法四条は、農地を転用しようとする者は、都道府県知事（ただし、指定市町村の区域内の農地にあっては、指定市町村の長です。）の許可を受けなければならないと定めます。この場合の許可は、右で述べた許可と同じく、法令（農地法）によって課された一般的禁止を解除する性質を持つ行為であると解されます。

そして、例えば、農地の所有者であるCが、自己所有農地を転用したいと考え、四条許可申請書をA県知事に提出した場合、同知事としてはこれを審査し、農地法（及び政令・省令）の定める許可要件を具備していると判断すれば、Cに対し、四条許可書を交付します（三-一-一(一)参照）。すると、Cは、本来国民が有しているはずの転用行為の自由を、同知事の許可処分によって回復してもらうという関係になります。

(三)　特許

ア　特許（公企業の特許・設権行為）とは、私人に対し、特定の排他的・独占的な権利を与える行為（例　鉱業法の鉱業許可、電気事業法の事業許可など）又は私人と行政主体との間に包括的な権利関係を設定する行為（例　公務員の任命行為）を指す概念として用いられてきました（藤田一九四頁）。**(注)**

先に掲げた許可と特許の違いですが、処分要件が、社会公共の安全・秩序の維持という消極的観点のみから定められている場合は許可と判断されますが、それを超えて経済政策的な観点をも踏まえた積極的な目的を含めて定められていると考えられる場合は特許と解することができます（宇賀八七頁）。

イ　農地法については、明らかに特許の性質を有する行政処分は、現在までのところ見当たりません。

(注)　塩野説は、行政行為の内容の観点から、命令的行為と形成的行為に分類し、前者は人の自然の自由に対する規律であるのに対し、後者は人に対して新たな権利・能力を賦与する行為であると定義付ける（塩野一二九頁）。ただし、「この領域について、一方

を命令的行為、他方を形成的行為として質的に異なった領域に妥当するものとすることは困難であって、等しく営業の自由に対する規制であって、その手法を異にするものとみるのが妥当であろう。その意味でこの区別も相対化されている点に注意しなければならない。」とする（同一三〇頁）。確かに今日では、各種事業に対する許可の性質も、従来のような、許可と特許の単純な二分法で割り切れるものではない。しかし、「各種事業許可に関する法的仕組みの特徴を理解するための理念型としては、許可および特許の概念に、なお一定の意味があると考えられる。」という指摘がある（中原一四三頁）。

二―一―二(四)
認可
補充行為

(四)　認可

ア　認可とは、私人間の法律行為（契約行為）を補充して、その法的効果を完成させせる行為（補充行為）を指します（藤田一九六頁、宇賀九三頁）。

イ　右に関連して、農地法三条許可処分が、「認可」に当たります。最高裁も、「農地法三条に定める農地の権利移動に関する県知事の許可（筆者注・当時の三条許可権者には都道府県知事も含まれていました。）の性質は、当事者の法律行為（例えば売買）を補充してその法律上の効力（例えば売買による所有権移転）を完成させるものにすぎず、講学上のいわゆる補充行為の性質を有すると解される」としています（最判昭三八・一一・二二民集一七・一一・一五四五）。

例えば、農地の売主（所有者）Aと買主Bが、耕作目的で農地の売買契約（民五五五条）を行ったとしても、それだけで売買契約の効力（農地の所有権が、AからBに移転するという効力）が生ずることはありません。農地法も明文で、「第一項の許可〔筆者注・三条一項許可〕を受けないでした行為は、その効力を生じない。」と定めています。農業委員会の許可（三条許可）を受けることによって、初めてAの所有する農地の権利（所有権）がBに移転することになります。

遡及効

ウ　ここで、A・Bが農業委員会から三条許可を受けた後に、売買契約に最初から瑕疵が存在していたので、一方当事者が売買契約を取り消すことができるか、という問題があります。この点については判例があり、最高裁もこれを肯定しています。**(注)** 先に述べたとおり、認可は、私人間の法律行為の効力を補充する効力を持つにすぎませんから、認可があっても、その後に、本体たる法律行為自体を取り消すことは可能と考えられます。右の例でいえば、A又はBが売買契約を取り消すことによって、仮に認可処分はそのまま維持されていたとしても、当該売買契約は遡及的に無効となると解されます（遡及効。民一二一条）。

エ　前述のとおり、農地法三条の許可が、「認可」の性質を有していることには疑いがありませんが、同時に、先に述べた「許可」の性質も持っていることに留意する必要があります（藤田二〇一頁）。

すなわち、農地法六四条柱書は、「次の各号のいずれかに該当する者は、三年以下の懲役又は三〇〇万円以下の罰金に処する。」と定め、同条一号は、「第三条第一項、第四条第一項、第五条第一項又は第一八条第一項の規定に違反した者」と定めます。例えば、無許可のまま耕作目的で農地の売買契約を行うことは、農地法三条一項の規定に違反することになります。

このことから、農地法は、一般的に、許可を受けないまま農地の権利移転を行うことを罰則をもって禁止した上、個別に許可を受けた者に対しては、権利移転の自由を回復させていると考えることができます。これらのことから、農地法三条の許可は、「認可」及び「許可」の両方の性質を備えていると解されます（このような行為を「認許」と呼ぶことがあります。）。

（注） 最高裁は、「農地の所有権の移転につき、農地法三条により知事の与える許可は移転の効力を完成せしめる行為にすぎないから、右移転行為にして取り消し得べきものであるときは、許可のあつた後においてこれを取り消すことができると解するのが相当であり、またその結果該所有権がいわゆる不在地主に復帰することとなつても、国による買収の対象となることのあるのは別論として、そのために右の取消が許されないと解すべきいわれは存しない。」とした（最判昭三五・二・九民集一四・一・九六）。

認許

第二節　行政行為の効力

二-二-一

一　行政行為の公定力

二-二-一(一)

(一)　公定力とは

公定力

ア　行政行為（行政処分）には公定力があるといわれます。公定力という用語は、行政処分が発せられると、たとえそれが違法であっても、取消権限を有する者によって正式に処分が取り消されるまでは、何人（私人、裁判所、行政機関）もその効果を否定することができないという法現象を指して用いられます（塩野一六〇頁）。**(注)**

取消制度の排他性

取消訴訟の排他的管轄

イ　そして、行政行為に右に述べた公定力を認める根拠を、取消制度の排他性（なお、取消訴訟については、「取消訴訟の排他的管轄」となります。）に求める立場が一般的といえます（大橋一八〇頁）。

例えば、農地の所有者であるBが、自己所有農地（田・一ヘクタール）を転用したいと考え、A県知事に対し、四条（転用）許可申請を行ったところ、審査に当たったA県知事において農地法の定める許可要件の法解釈を誤り、本来であれば許可相当と判断されるところ、不許可処分を行ったとします。

瑕疵ある行政処分

右の場合、A県知事は、農地法四条の定める許可要件について誤った法解釈をしていますから、当該不許可処分は違法となります（瑕疵ある行政処分。二－三－二㈠参照）。

しかし、たとえ瑕疵があって違法なものであっても、いったん行政処分が行われると、当該行政処分は、取消権を有する者によって正式に取り消されない限り、いつまでも有効なものとして存続すると解されます。

ウ　その根拠は、先に述べた取消制度の排他性に求めることができます。行政事件訴訟法が取消訴訟という制度を、また、行政不服審査法が審査請求という制度をわざわざ設けていることから、相手方が行政処分を取り消してもらうためには、このような特別の手続を利用する以外にないという結論が導かれます（大橋一八〇頁）。

無効の行政処分

ただし、後記するとおり、行政処分が無効（無効の行政処分）の場合は、もはや取消訴訟の排他的管轄に服することはなく、裁判所は、取消訴訟以外の訴訟においても、行政行為が無効であることを認定することができます（塩野一七九頁。二－三－四㈠参照）。

行政処分の取消権者
- 裁判所（取消しの訴え・行政事件訴訟法）
- 行政機関（行政不服申立て・行政不服審査法）
- 処分庁（職権取消し・処分の根拠法令）

エ　前に掲げた例で、A県知事によって、農地法四条不許可処分を受けた申請人Bが、当該処分は農地法に反した違法なものであると考えた場合、同人が選択できる途として、後記するとおり、二つのものが考えられます。

(注)　行政行為には公定力が認められる。そのほかにも、不可争力、執行力、不可変更力なども認められている（塩野一七一頁以下、藤田二二六頁以下）。まず、①不可争力であるが、不可争力とは、後に本文でも述べるとおり、一定期間が経過すると、私人の側から行政行為の効力を不服申立て又は裁判手続によって争うことができないことを指す。つまり、全ての行政行為は、その無効の場合を除いて、審査請求期間又は出訴期間が経過することによって効力を争うことができなくなる（この場合、「行政行為に不可争力が生じた」といわれる。藤田二二七頁）。次に、②執行力であるが、執行力とは、相手方たる私人が行政行為によって命ぜられた義務を期限内に履行しないときに、行政庁が、裁判所の手を借りることなく、自力で強制執行を行うことが認められていることを指す。例えば、租税の賦課処分があったにもかかわらず納税されないときに、課税庁が、自ら滞納処分を実行して自己の債権の満足を図る場合がこれに当たる（塩野一七三頁）。さらに、③不可変更力であるが、これは、行政行為一般について認められるものではなく、審査請求に対する裁決のような、紛争を裁断する行政行為について、いったん審査庁が裁決を下したときは、その裁決を審査庁自らにおいて職権で取り消すことができないという考え方を指している（宇賀三五九頁）。この点について、最高裁は、「裁

決が行政処分であることは言うまでもないが、実質的に見ればその本質は法律上の争訟を裁判するものである。〔中略〕本件裁決のごときは、行政機関である兵庫県農地委員会が実質的には裁判を行っているのであるが、行政機関がするのであるから行政処分に属するわけである。かかる性質を有する裁決は、他の一般行政処分とは異り、特別の規定がない限り、原判決のいうように裁決庁自らにおいて取消すことはできないと解するを相当とする。」との判断を示している（最判昭二九・一・二一民集八・一・一〇二）。

二‐二‐一㈡

㈡　取消しのための法的手段をとらなかった場合

ア　申請人Bがとることのできる一つの選択肢は、何らの法的措置もとらないというものです。

取消しの訴え
出訴期間

そもそも、不許可処分の取消しの訴えを裁判所（地方裁判所）に求めようとした場合、出訴期間内に訴えを提起する必要があります（六‐二‐二㈠参照）。出訴期間は、原則として、行政処分があったことを知った日から六か月とされています（行訴一四条一項本文）。また、行政処分があったことを知らなくても、原則として、行政処分があった日から一年とされています（同条二項本文）。

審査請求
審査請求期間

また、不許可処分に対し行政不服申立てを行う場合も、やはり不服申立期間内に不服申立て（審査請求）を行う必要があります（六‐一‐三㈡参照）。審査請求期間は、原則として、処分があったことを知った日の翌日から三か月とされています（行審一八条一項本文）。また、処分があったことを知らなくても、原則として、処分があった日の翌日から一年とされています（同条二項本文）。

不可争力

イ　右のいずれの場合においても、Bが何らの法的措置を講ずることなく、出訴期間又は不服申立期間が経過すると、Bにおいて、法的にA県知事の不許可処分の違法性を争い、その取消しを求めることは実現不可能となります（不可争力の発生）。つまり、A県知事の不許可処分は、法律上も事実上も、有効なものとして以降存続することになります（ただし、二－三－四(一)参照）。より具体的にいえば、Bは、その申請に係る農地を適法に転用することができない状態が継続することになると考えられます。

二－二－一(三)

(三)　審査請求の申立てを行った場合

審査請求

ア　次に、Bが不許可処分を不服として、その取消しを求めて審査庁（A県知事。行審四条一号）に対し審査請求を行った場合を考えることができます。

却下
棄却
認容

Bが、審査庁であるA県知事に対して審査請求を行った場合の結果は、次のとおり三つに分かれます。審査請求が不適法であれば却下（行審四五条一項）、適法であるが理由がない場合は棄却（同条二項）、理由がある場合は認容（行審四六条一項）の各裁決が下されます（六－一－六参照）。

審査請求の結果
- 却下裁決（審査請求が不適法である）
- 棄却裁決（審査請求に理由がない）
- 認容裁決（審査請求に理由がある）

イ　ところで、A県知事が認容裁決を行う場合、内容的に二つのものが考えられます（芝池二七六頁）。

取消裁決

ひとつは、取消裁決です。設例のA県知事は、処分庁であると同時に審査庁でもあるという立場にありますから、申請拒否処分（四条不許可処分）を取り消す場合において、一定の処分（許可処分）をすべきものと認めるときは、四条許可処分を行います（行審四六条二項二号）。

変更裁決

二つ目は、変更裁決です。ただし、今回不服申立ての対象となっているのは、四条不許可処分ですから、不許可処分という結論を維持したまま、処分の一部を変更するということは、結果的には棄却裁決と同じことになり、今回は問題とはならないのではないかと考えます。

二－二－一㈣

㈣　取消訴訟などを提起した場合

ア　Bが、地方裁判所に対し、不許可処分の取消訴訟及び申請型義務付け訴訟を提起する場合を考えることもできます。この場合の結果は、次の三つに分かれます。

取消訴訟の結果
- 却下判決（訴えの提起が不適法である）
- 棄却判決（訴えの提起に理由がない）
- 認容判決（訴えの提起に理由がある）

取消訴訟
義務付け訴訟
申請型の義務付けの訴え

イ　Bが地方裁判所に対し、A県知事による四条不許可処分の取消訴訟（行訴三条二項）及び四条許可処分の義務付け訴訟（申請型の義務付けの訴え。同三条六項二号）を併合して提起する場合（同三七条の三第三項二号）、Bが勝訴するための要件は、行訴法三七条の三第五項に明記されています（六－二－二四参照）**（注）**

ウ　裁判の結果、A県知事の行った四条不許可処分が取り消されるべきものであることが認められ、かつ、A県知事が許可処分をしなかったことが裁量権の範囲を超えているか又は濫用となると認められる場合、裁判所は、A県知事に対し、「四条不許可処分を取り消す」、「四条許可処分をせよ」という判決をそれぞれ下すことになると考えられます（大橋Ⅱ二三四頁）。

なお、四条許可処分の性質を覊束行為として捉える立場にあっては（三－一－一㈠参照）、行訴法三七条の三第五項の適用関係においては、「行政庁がその処分若しくは裁決をしないことがその裁量権の範囲を超え若しくはその濫用となる」には当たらず「その処分若しくは裁決をすべきであることがその処分若しくは裁決の根拠となる法令の規定から明らかであると認められ」るに当たるものと解されます（芝池三五五頁）。

（注） 行政事件訴訟法三七条の三第五項は、「義務付けの訴えが第一項から第三項までに規定する要件に該当する場合において、同項各号に定める訴えに係る請求に理由があると認められ、かつ、その義務付けの訴えに係る処分又は裁決につき、行政庁がその処分若しくは裁決をすべきであることがその処分若しくは裁決の根拠となる法令の規定から明らかであると認められ又は行政庁がその処分若しくは裁決をしないことがその裁量権の範囲を超え若しくはその濫用となると認められるときは、裁判所は、その義務付けの訴えに係る処分又は裁決をすべき旨を命ずる判決をする。」と定める。つまり、申請型の義務付けの訴えを提起するに当たっては、申請拒否処分（四条不許可処分）が取り消されるべきものであること、すなわち、併合提起された申請拒否処分（四条許可処分）取消訴訟の本案勝訴要件を満たしていることが要求されている（中原三九〇頁）。

二―二―二
二　公定力と他の制度の関係

二―二―二(一)
(一)　国家賠償請求訴訟との関係

ア　行政庁から処分を受けた相手方が、当該処分は違法であり、それによって損害を受けたとして、国家賠償法一条を根拠として、行政庁を設置している国または地方公共団体に対し、国家賠償請求を提起できるか、という問題があります。（注一）（注二）

この点について、最高裁は、かなり以前の時点から、行政処分が違法であることを理由として国家賠償請求を行う場合には、あらかじめ取消訴訟によって処分の取消し又は無効の確認判決を受けておく必要はない、という判断を示しています（最判昭三六・四・二一民集一五・四・八五〇）。

イ　近時、固定資産税等の過納金相当額を損害として、国家賠償請求を行うことができるか否かが争われた事件があり、一審名古屋地裁及び二審名古屋高裁は、いずれもそのような請求を認めませんでした（請求棄却）。これに対し、上告受理申立てが行われました。最高裁は、それを受理した上で、公務員が、納税者に対する職務上の法的義務に違背して固定資産の価格を過大に決定したときは、これによって損害を被った当該納税者は、国家賠償請求を行い得るという立場を示しました（判解平成二二年度（上）三五四頁）。（注三）

ウ　右最高裁判決の考え方によれば、例えば、前記の設例においては、A県知事から四条不許可処分を受けた申請人Bは、本来であれば、許可を受けた上で転用事業を予定通り行って一定の収益をあげられたはずのところ、違法にも右不許可処分を受けたため転用事業に着手できず、収益をあげる機会を喪失させられ、財産上の損害が発生したと主張することも可能と考えられます。

このように、申請人Bとしては、国家賠償法一条の責任をA県に対して追及するに当たり（民事訴訟）、必ずしも別途、四条不許可処分の取消しの訴え（行政訴訟）を提起する必要はないと解されます。民事訴訟としての性格を有する国家賠償請求訴訟の中で、A県知事において不許可処分を行うに際し過失が認められ、当該不許可処分が違法であることを主張立証することで足りると解されます。

エ　なお、A県知事の下で四条許可事務を担当していた農地課の職員Cが、通常尽くすべき注意義務を尽くさなかったと認められる場合、職員Cは、処分権限を有するA県知事の補助機関として職務を遂行していたにすぎませんので、職員Cの注意義務違反は、すなわちA県知事自身の注意義務違反と理解することが可能です。

国家賠償法

（注一）　国家賠償法は、一条で公務員の不法行為を原因とする国又は公共団体の責任を定めている。ここで第一に問題となるのは、「公権力の行使」という条文の意味である。

公務員の不法行為

これについては、学説上は、最広義説、広義説及び狭義説の三つがあるとされてきたが、今日では、広義説の立場が有力となっている（塩野Ⅱ三〇六頁）。広義説によれば、行政活動のうち、国・公共団体の私経済作用及び国家賠償法二条の対象となるもの（公の営造物責任）を除く、全ての活動が含まれることになる。そのため、公立学校の教育

公権力の行使

活動、一般の職員が行う行政指導なども、公権力の行使に含まれる（なお、行政処分の

故意・過失違法

職務行為基準説

ような権力的作用が、これに含まれることは当然である。)。第二に問題となるのは、同条が、「故意又は過失によって違法に他人に損害を加えた」と定めている点である。ここでいう故意・過失は主観的要件であるのに対し、違法は客観的要件である。学説上はいろいろな議論がみられるが(塩野Ⅱ三二四頁)、判例上は、職務行為基準説が主流となっている(判解平成五年度(上)三七七頁は、「行政処分取消訴訟における違法性は、行政処分の法的効果発生の前提である法的要件充足性の有無を問題とするのに対し、国家賠償請求訴訟における違法性は、損害填補の責任を誰に負わせるのが公平かという見地に立って行政処分の法的要件以外の諸種の要素も対象として総合判断すべきものであるから、国家賠償法一条一項にいう違法性は、行政処分の効力発生要件に関する違法性とはその性質を異にするものであり、究極的には他人に損害を加えることが法の許容するところであるかどうかという見地からする行為規範違反性であると考えられる。したがって、右の違法性の有無は、行政処分の法的要件充足性の有無(取消訴訟における違法性)のみならず、被侵害利益の種類、性質、侵害行為の態様及びその原因、行政処分の発動に対する被害者側の関与の有無、程度並びに損害の程度等の諸般の事情を総合的に判断して決すべきものであろう」と述べる。)。

(注二) 職務行為基準説とは、これを一言で表すならば、公務員が職務を行うに当たって職務上通常尽くすべき注意義務を尽くさなかった場合に、国家賠償法一条一項の違法が認められるという考え方である(最判平五・三・一一民集四七・四・二八六三、判時一四七八・一一二四。同判決は、「被上告人は、本件係争各年分の所得税の申告をするに当たり、必要経費につき真実より過少の金額を記載して申告書を提出し、さらに、本件各更正に先立ち、税務職員から申告書記載の金額を超える収入の存在が発覚していることを告知されて調査に協力するよう説得され、必要経費の金額について積極的に主張する機会が与えられたにもかかわらず、これをしなかったので、奈良税務署長は、申告書記載どおりの必要経費の金額によって、本件各更正に係る所得金額を算定したのである。してみれば、本件各更正における所得金額の過大認定は、専ら被上告人において本件係争各年分の申告書に必要経費を過少に記載し、本件各更正に至るまでこれを訂正しようとしなかったことに起因するものということができ、奈良税務署長がその職務上通常尽くすべき注意義務を尽くすことなく漫然と更正をした事情は認められないから、四八年分更正も含めて本件各更正に国家賠償法一条一項にいう違法があったということは到底できない。」と判示した。）。例えば、農業者Aから、農地法三条の許可申請を受けたB市農業委員会において、行政手続法五条によって作成・公開が義務付けられている「三条許可審査基準」を作成・公開することなく、不許可処分を行ったような場合、当該処分は、Aが提起した取消訴訟によって取り消される可能性があることのほか（四一一五参照）、併せて国家賠償請求訴訟も提起された場合、B市農業委員会が行った職務に違法性が認められ、B市の損害賠償責任も肯定される可能性がある。

（注三）　最高裁は、「国家賠償法一条一項は、『国又は公共団体の公権力の行使に当る公務員が、その職務を行うについて、故意又は過失によって違法に他人に損害を加えたときは、国又は公共団体が、これを賠償する責に任ずる。』と定めており、地方公共団体の公権力の行使に当たる公務員が、個別の国民に対して負担する職務上の法的義務に違背して当該国民に損害を加えたときは、当該地方公共団体がこれを賠償する責任を負う。前記のとおり、地方税法は、固定資産評価審査委員会に審査を申し出ることができる事項について不服がある固定資産税等の納税者は、同委員会に対する審査の申出及びその決定に対する取消しの訴えによってのみ争うことができる旨を規定するが、同規定は、固定資産課税台帳に登録された価格自体の修正を求める手続に関するものであって（四三五条一項参照）、当該価格の決定が公務員の職務上の法的義務に違背してされた場合における国家賠償責任を否定する根拠となるものではない。原審は、国家賠償法に基づいて固定資産税等の過納金相当額に係る損害賠償請求を許容することは課税処分の公定力を実質的に否定することになり妥当ではないともいうが、行政処分が違法であることを理由として国家賠償請求をするについては、あらかじめ当該行政処分について取消し又は無効確認の判決を得なければならないものではない（最高裁昭和三五年（オ）第二四八号同三六年四月二一日第二小法廷判決・民集一五巻四号八五〇頁参照）。このことは、当該行政処分が金銭を納付させることを直接の目的としており、その違法を理由とする国家賠償請求を認容したとすれば、結果的に当該行政処分を取り消した場合と同様の経済的効果が得られるという場合であっても異ならないというべきである。そして、他に、違法な固定資産の価格の決定によって損害を受けた納税者が国家賠償請求を行うことを否定する根拠となる規定等は見いだし難い。したがって、たとい固定資産の価格の決定及びこれに基づく固定資産税等の賦課決定に無効事由が認められない場合であっても、公務員が納税者に対する職務上の法的義務に違背して当該固定資産の価格ないし固定資産税等の税額を過大に決定したときは、これによって損害を被った当該納税者は、地方税法四三二条一項本文に基づく審査の申出及び同法四三四条一項に基づく取消訴訟等の手続を経るまでもなく、国家賠償請求を行い得るものと解すべきである。」と判決し、原判決を破棄し、名古屋高等裁判所に差し戻した（最判平二二・六・三民集六四・四・一〇一〇、判時二〇八三・七一）。

二―二―二(二)　行政権の濫用

(二)　刑事訴訟との関係

ア　かつて最高裁は、山形県余目町内において、会社Xが、風俗営業取締法に違反して個室付浴場業を営んだとして同法違反が問われた刑事事件において、山形県知事の余目町に対する児童遊園設置認可処分は、行政権の濫用に相当する違法性があると認めました（三―二―二(三)参照）。そして、当該認可処分は、会社Xの営業を規制し得る効力を有しないとして、結局、会社Xに対し無罪を言い渡しました（最判昭五三・六・一六刑集三二・四・六〇五）。

イ　右事件では、余目町は、会社Ｘによる個室付浴場の開業を阻止するため、あえて町有地を児童遊園として設置認可申請し、山形県知事もこれに応える形で異例の速さで認可処分を行ったという経緯がありました。最高裁は、右認可処分が、取消訴訟において正式に取り消されていなくても、刑事訴訟手続の中で当該行政処分が違法であると判断されれば、当該営業を規制する効力を有しないという考え方を採用したものと解されます（宇賀三四九頁）。

二－三－一

二－三－一㈠

行政行為の成立・発効

第三節　行政行為の成立、発効及び消滅

一　行政行為の成立及び発効

㈠　行政行為の成立と効力の発生

ア　行政行為がいつ成立し、また、効力を生ずるのか、という問題があります（行政行為の成立・発効）。

この点について、最高裁は、「行政処分が行政処分として有効に成立したといえるためには、行政庁の内部において単なる意思決定の事実があるかあるいは右意思決定の内容を記載した書面が作成・用意されているのみでは足りず、右意思決定が何らかの形式で外部に表示されることが必要であり、名宛人である相手方の受領を要する行政処分の場合は、さらに右処分が相手方に告知され又は相手方に到達することすなわち相手方の了知しうべき状態におかれることによってはじめてその相手方に対する効力を生ずるものというべきである」と判示しています（最判昭五七・七・一五民集三六・六・一一四六）。

イ　さらに、最高裁は、特許法及び薬事法が関係した事件において、「医薬品の製造

承認

又は輸入を業として行うためには、薬事法に基づく許可を受けなければならないが（薬事法一二条、二二条）、その許可の申請者が、製造又は輸入しようとする医薬品につき、承認を受けていないときは、その品目について右許可を受けることができない（同法一三条一項、二三条）。承認は、医薬品の有効性、安全性を公認する行政庁の行為であるが、これによって、その承認の申請者に製造業等の許可を受け得る地位を与えるものであるから、申請者に対する行政処分としての性質を有するものということができる。そうすると、承認の効力は、特別の定めがない限り、当該承認が申請者に到達した時、すなわち申請者が現実にこれを了知し又は了知し得べき状態におかれたときに発生すると解するのが相当である。」と述べています（最判平一一・一〇・二二民集五三・七・一二七〇）。

ウ　右の考え方を農地法三条許可処分に当てはめて考えてみますと、次のように解されます。

例えば、農地の譲渡人Bとその譲受人Cの連署による三条許可申請が、A市農業委員会に提出されたので、A市農業委員会は、許否の判断権限を有する農地部会を招集し（農委二八条一項）、許可相当の議決を行い、その後、正式に三条許可書を作成したとします。この場合、許可書作成時点で、A市農業委員会による三条許可処分が成立したと解されます。

二-三-一(二)

取消し

遡及効

撤回

後発的事情

そして、後日、当該許可書の交付を農地の譲受人Cが受けることによって、三条許可処分の効力が発生すると解されます（三条許可処分は補充行為の性質を有していますから、少なくとも農地の譲受人Cが許可書を受領することによって、農地の所有権が、BからCへ有効に移転する効果が生じると解されます。二-一-一-二(四)参照）。

(二)　行政行為の効力の消滅

ア　いったん成立・発効した行政行為を、処分行政庁（処分庁）が、その後に取り消そうとした場合に、行政行為の取消し又は撤回が問題となります。

行政行為の取消しとは、行政行為によって法律関係が形成され又は消滅したときに、その行政行為に瑕疵があったことを理由として後日これを取り消し、法律関係を元に戻すことを意味します（塩野一八八頁）。

行政行為が取り消された場合、処分時に遡って効力を失うことになります（遡及効）。

次に、行政行為の撤回とは、行政行為を行った後に、新たな事情が発生したため（後発的事情）、これ以上、右行政行為の効力を存続させることが公益上好ましくないとの判断に至った結果として、将来に向かってその効力を失わせようとするものです（藤田二三三頁）。撤回は、学問上の用語ですから、実定法上は、たとえ正確な意味では撤回であっても、「取消し」と表現されるのが通例です（宇賀三七一頁）。

争訟取消し

イ　行政行為の取消しを求めるための手段ですが、既に述べたとおり、処分の取消訴訟を提起し、又は処分の取消しを求める審査請求を申し立てるという方法があり、これらはまとめて争訟取消しと呼ばれます。

二-三-二

二　職権取消し

二-三-二(一)

(一)　職権取消しの根拠

職権取消し

ア　行政行為を取り消すためには、右にみたとおり、争訟取消しという方法がありま す。それ以外に、行政行為（行政処分）を行った処分庁又はその監督庁が取消権を行使するという方法があり、これを職権取消しといいます。**(注)**

瑕疵ある行政行為

イ　処分庁が職権取消しを行い得るのは、既に行われた処分が違法又は不当な場合です（瑕疵ある行政行為）。処分が違法な場合には、法律による行政の原理に反する状態が存在していることになります。また、処分が不当な場合とは、公益に反する状態が生じている状況ということができます。

右のような場合に、適法性の回復又は合目的性の回復を目的として、行政行為の職権取消しを行うことが認められると考えます（塩野一八九頁）。

(注)　職権取消しを行うことができるのは、自ら行政行為を行った処分庁に限定されるのか、あるいは当該処分庁を指揮監督する権限を有する監督行政庁もこれを行い得るの

かという問題があり、見解が分かれている（塩野一八九頁、藤田二三二頁、大橋一九三頁、宇賀三六八頁）。法律によって、当該処分庁に対し処分権限がわざわざ配分されていることを重視すると、監督庁は、下級庁に対し取消しを命ずることができるにとどまるという立場が支持される。

二―三―二(二)

侵害処分・不利益処分

授益処分・利益処分

職権取消しの制限

(二)　職権取消しの制限

ア　まず、職権取消しの対象となる行政行為が、相手方の権利・利益を侵害している場合には（侵害処分・不利益処分）、職権取消しに特に制限はありません。

他方、相手方に対して利益を与える処分の場合には（授益処分・利益処分）、職権取消しの制限（又は限界）が問題となります。なぜかというと、授益的行政行為によって、既に相手方が受けた利益ないし地位を一定の限度で保護する必要があるためです。

イ　例えば、農地の譲渡人Bとその譲受人Cが、転用目的で農地売買契約を結び、A県知事によって農地法五条許可処分が下されたとします。この場合、右処分によって、Cは、売買目的物である農地の所有権を取得することができます（二―一―二(四)参照）。ところが、仮にA県知事が、後になって右許可処分を取り消すことになりますと、同処分は当初の処分時（許可の時点）に遡って効力を失うことになります（遡及効）。そうすると、農地の売買契約の効力も遡及して失われるに至り、買主Cとしては不測の損害を受けることにもなりかねません。

法治主義

ウ　そこで、多くの学説は、法治主義の要請から導かれる違法状態解消の要請と、相手方の権利・利益保護の要請を比較衡量して、問題を解決するという立場をとっています（塩野一九〇頁、芝池一二一頁、大橋一九二頁）。

遡及効の制限

ここで一つの考え方として、遡及効を制限するという考え方があります（遡及効の制限）。これは、授益処分（利益処分）に限って、仮に処分を取り消したとしても、将来に向かってのみ処分の効果が失われると解する立場です。しかし、この立場は少数説にとどまっていると思われます。

これに関連し、厚生年金保険法に基づく障害年金の支給裁定を受け、年金の支給を受けていた者が、社会保険庁長官が右裁定を取り消して、年金額を過去に遡って減額する裁定（再裁定）をしたため、その取消しを求めた事件について、東京高裁は、遡及的な職権取消しを肯定するという判決を下しました。**（注一）**

この場合、一般的に着眼すべきポイントとして、処分時における違法性の程度、現時点における違法性の程度、違法な処分をしたことについての相手方の帰責事由の有無、仮に職権取消しをした場合に相手方に生じる不利益の程度、不利益緩和のための措置の可否などの点があげられています。

なお、右に掲げた相手方の帰責事由の有無と、処分取消しの遡及効とを関連付けて説

法律による行政の原理

く立場もあります。（注二）

（注一）東京高裁は、行政庁による職権取消しの可否について、「一般に、行政処分は適法かつ妥当なものでなければならないから、いったんされた行政処分も、後にそれが違法又は不当なものであることが明らかになった場合には、法律による行政の原理又は法治主義の要請に基づき、行政行為の適法性や合目的性を回復するため、法律上特別の根拠なくして、処分をした行政庁が自ら職権によりこれを取り消すことができるというべきであるが、ただ、取り消されるべき行政処分の性質、相手方その他の利害関係人の既得の権利利益の保護、当該行政処分を基礎として形成された新たな法律関係の安定の要請などの見地から、条理上その取消しをすることが許されず、又は、制限される場合があるというべきである。そして、授益的な行政処分がされた場合において、後にそれが違法であることが明らかになったときは、行政処分の取消しにより処分の相手方が受ける不利益と処分に基づいて生じた効果を維持することの公益上の不利益とを比較考量し、当該処分を放置することが公共の福祉の要請に照らして著しく不当であると認められるときには、処分をした行政庁がこれを職権で取り消し、遡及的に処分がされなかったのと同一の状態に復せしめることが許されると解するのが相当である。」と判示した（東京高判平一六・九・七判時一九〇五・六八）。また、同判決は、不当利得返還請求権について、「前裁定が取り消されて本件再裁定がされたことにより、控訴人国は、被控訴人〔筆者注・年金受給者〕に対して、過払の年金額について不当利得返還請求権を有することになるところ、被控訴人が過払の事実について悪意であったことを認めるに足る証拠はないから、被控訴人は、その利益の現存する限度においてこれを返還する義務を負うものというべきである。」と判示した。ただし、同判決は、控訴人国による法三九条の規定による内払調整を認め、被控訴人の請求を棄却した。

（注二） 宇賀説は、次のように場合を分ける。「第一は、違法に許認可等が与えられたことについて、申請者に責めに帰すべき事由がない場合である。すなわち、申請者は誠実に申請を行ったが、本来、許認可等を与える要件が欠如していたにもかかわらず、行政庁がそれを看過または誤解して、許認可等を与えてしまった場合には、違法な許認可等がなされた責任は主として行政庁の側にある（申請者は拒否されるような申請をしてはならない義務を負うわけではなく、許認可等を与えるべきか拒否すべきかの判断を行う責任は行政庁に課されている）のであるから、適法に許認可等が与えられたとの申請者の信頼を保護して、遡及的失効は認めるべきではなく、取消しがなされて以後、許認可等の効力が失われるのが原則と解すべきであろう〔中略〕。第二は、違法に許認可等が与えられたことについて、申請者に責めに帰すべき重大な事由がある場合である。たとえば、申請者が虚偽の資料を提出して行政庁を欺いたために、行政庁が許認可等を違法に与えてしまった場合である。かかる場合には、申請者の信頼を保護する必要はなく、職権取消しの効果は、許認可等の時点に遡及すると解すべきであろう。」（宇賀三六九頁）

㈢　職権取消しの適法要件

ア　これまでにみたとおり、行政庁において、以前行った行政行為を取り消そうとする場合は、既に行われた行政行為に、違法又は不当な点が存在する必要があります。仮に既に行われた行政行為に、違法又は不当な点が存在しない場合には、あえて職権取消しを行うことはできないと解されます。

換言しますと、処分時を基準にして、違法又は不当な点があったか否かを検討する必要があると考えられます（本書では、これを処分時基準説といいます。）。

イ　これに関連して、最高裁の判決の中には、沖縄県の現知事による前知事の埋立承認の職権取消しを違法と判決したものがあります（最判平二八・一二・二〇民集七〇・九・二二八一）。同判決は、「本件においては、上告人〔筆者注・沖縄県知事〕が本件指示に係る措置として本件埋立承認取消しを取り消さないことが違法であることの確認が求められているところ、本件埋立承認取消しは、前知事がした本件埋立承認に瑕疵があるとして上告人が職権でこれを取り消したというものである。一般に、その取消しにより名宛人の権利又は法律上の利益が害される行政庁の処分につき、当該処分がされた時点において瑕疵があることを理由に当該行政庁が職権でこれを取り消した場合において、当該処分を職権で取り消すに足りる瑕疵があるか否かが争われたときは、この点に関する裁判所の審理判断は、当該処分がされた時点における事情に照らし、当該処分に違法又は不当（以下「違法等」という。）があると認められるか否かとの観点から行われるべきものであり、そのような違法等があると認められないときには、行政庁が当該処分の違法等があることを理由としてこれを職権により取り消すことは許されず、その取消しは違法となるというべきである。したがって、本件埋立承認取消しの適否を判断するに当たっては、本件埋立承認取消しに係る上告人の判断に裁量権の範囲の逸脱又はその濫用が認められるか否かではなく、本件埋立承認がされた時点における事情に照らし、前知事がした本件埋立承認に違法等が認められるか否かを審理判断すべきであり、本件埋立承認に違法等が認められない場合には、上告人による本件埋立承認取消しは違法となる。」と判示しました。

二－三－三

三　行政行為の撤回

二－三－三㈠

㈠　行政行為の撤回とは

撤回

後発的事情

ア　行政行為の撤回は、先に述べたとおり、処分時点においては適法に行われた行政行為について、その後の事情の変化に伴い行政行為の効力を失わせることをいいます（宇賀三七一頁）。行政行為の撤回の場合、事後的に発生した事由（後発的事情）を理由として行われるものですから、撤回の効果は将来に向けてのみ発生し、効果が遡及することはありません（藤田二二三頁）。

イ　行政行為の撤回について、一般的に侵害処分については、特に制限がないといわれています（大橋一九四頁）。**(注一)**

他方、授益処分については、職権取消しのところで述べたとおり、相手方の権利・利益を保護する必要性もあって、撤回権の行使には一定の制限が認められると考えるのが通説です。

具体的にいえば、当該処分の性質、仮に撤回した場合に生じる公益と撤回により相手方が受ける不利益の内容・程度、相手方の帰責事由の有無、第三者の信頼保護の必要性などを総合的に考慮する必要があると考えられます（宇賀三七三頁）。**(注二)**

なお、授益処分についてさらに考察すると、撤回の性質は一律ではないと考えられます（芝池一二八頁）。

第一に、行政上の義務違反に対する制裁として行われる撤回があります（例えば、免許の撤回がこれに当たります。）。第二に、もっぱら公益上の理由ないし必要性に基づいて行われる撤回があります（例えば、行政財産の目的外使用許可の撤回がこれに当たります。）。第三に、行政行為が行われた後になって、処分を適法化するための要件事実が消滅した場合に行われる撤回があります（例えば、医薬品の製品販売の承認の撤回がこれに当たります。）。

(注一)　しかし、侵害処分は、通常の場合、法律上の義務付け（例えば、課税処分）又は公益のため（例えば、食中毒患者を出した食堂に対する営業停止命令）に行われるのであるから、行政庁の判断によって、自由にこれを撤回できると解するのは相当ではない（芝池一三二頁）。芝池説は、「侵害処分は、法律上の義務づけに基づいて行われるか、または、公益のために必要であるとの行政庁の判断に基づいて行われるかのいずれかである。そして、行政処分が法律上の義務づけに基づいて行われる場合には、法律上の要件事実が存続している限り、これを撤回できないことは言うまでもない。課税処分の撤回をしてくれると納税者としては助かるが、そんなことは認められない。これに対して、行政庁が公益上の必要ありと判断して行った行政処分については、撤回の余地がある。例えば、食中毒を出した食品業者に対する無期限の営業停止命令は、食中毒の再発生のおそれがないと判断できる場合には、撤回することができる。一般的に言うと、その行政処分を維持するための公益上の必要性がなくなった場合には撤回できるということになる。以上のように、侵害処分の撤回は、決して自由に行うことができるものではないのである。」と説く（同頁）。

（注二） 風営法に基づく営業許可の取消し（撤回）が争われた事件で、東京高裁は、「風営法八条は、風俗業者らが当該営業に関し法令等に違反した場合等に制裁措置としての行政処分の一つとして法二六条一項により当該許可が取り消されるのとは異なり、風俗営業の許可がなされた後に、当該許可を行うべきでなかったことが事後になって判明したとき（一号、二号）、あるいは、事後に不許可の事由に該当する事情が生じるなど事情の変化により許可を存続させることが公共の利益に適合しないような事情に立ち至ったとき若しくは許可を受けた者が許可に基づく営業をせず許可を無意味ならしめているとき（二ないし四号）等の場合の一般的取消事由を定めているところ、特に後者の場合にはその取消しはいったん有効に成立した営業許可を将来に向かって廃止するもので講学上「撤回」に当たるものと解される。そして、そのような行政処分の撤回（法文上は「取消し」）がどのような場合に許されるか、またその撤回が必要的か裁量的かなどについては、それぞれの法令の規定、趣旨、目的に従って判断されるべきである。〔中略〕一般的に、法二六条により一営業所についての許可取消しがされる場合でも、それぞれの違反事由ごとに営業者の悪性の程度、同一の違反が他の営業所においても繰り返されることの危険性は異なる場合があり得るし、許可後の取消し（撤回）の場合には、当初の許可の是非の判断と異なり、当初の許可を前提として新たな法律秩序が次々と形成されているから、違反行為の性質、態様などに伴う取消し（撤回）の必要性、取消し（撤回）による相手方への影響の程度も比較考量の上、取消し（撤回）の是非を判断するのが相当であると解される。」と判示した（東京高判平一一・三・三一判時一六八九・五一）。

二－三－三(二)

(二)　農地法における撤回

ア　農地法三条の二第二項によれば、同項各号の定める一定の事由が生じた場合、農

業委員会は、「第一項の許可を取り消さなければならない。」と規定します。(注)

ここでいう「許可の取消し」とは、正確には許可の撤回という意味であると考えられます。なぜなら、農業委員会が、農地法三条三項の規定の適用を受けて三条一項許可(三条許可)を行った時点においては、同法三条の二第二項各号に掲げる事由は存在しておらず(仮に存在していたとすれば、そもそも許可を受けることができません。)、これらの事由は、三条一項許可処分の後になって、新たに生じた事由(後発的事情)であるといえるためです。

これに関連して、同項各号の定める事由が発生した場合、農業委員会としては、許可の取消しが一律に義務付けられると解されるか、という問題があります。(三－一－三(三)参照)。

イ　また、行政行為の撤回を根拠付ける法令の定めがない場合であっても、少なくとも、前記第一の場合(制裁)及び第三の場合(要件事実の消滅)には、撤回を行い得ると考える立場が有力といえます(宇賀三七二頁)。

なお、撤回権を行使できるのは、処分庁のみであると解されます。これは、撤回権は、処分権と裏腹の関係に立つものであり、監督権の範囲に当然に入るものとは考えられないためです(塩野一九五頁、宇賀三七三頁)。

(注)　農地法三条の二第二項「農業委員会は、次の各号のいずれかに該当する場合に

は、前条第三項の規定によりした同条第一項の許可を取り消さなければならない。

一　農地又は採草放牧地について使用貸借による権利又は賃借権の設定を受けた者がその農地又は採草放牧地を適正に利用していないと認められるにもかかわらず、当該使用貸借による権利又は賃借権を設定した者が使用貸借又は賃貸借の解除をしないとき。

勧告

二　前項の規定による勧告を受けた者がその勧告に従わなかつたとき。」

二－三－四

四　行政行為の取消しと無効

二－三－四㈠

取り消し得べき行政行為

無効の行政行為

㈠　取消しと無効

ア　違法な行政行為には二つのものがあって、取り消し得べき行政行為と、無効の行政行為に分けることができます。

前者の場合は、行政行為に瑕疵があったとしても依然として行政行為は有効とされるため、その効果を否定するためには、取消訴訟、行政不服申立て又は職権取消しなどの手段を通じ、それぞれの取消権者によって正式に行政行為を取り消してもらう必要があります（二－二－一㈠参照）。

これに対し、後者の場合は、右のような取消しのための手続を経る必要はありません。すなわち、瑕疵が行政行為の無効をもたらすほど重大なものである場合には、何人といえども行政行為の無効を主張することができます（六－二－二㈡参照）。

重大明白説

イ　そこで、瑕疵ある行為の中から、取り消し得べき行政行為と、無効の行政行為との判別基準をどのように立てるのかという点が重要な問題となります（藤田二五二頁）。

この点について、判例・通説は、重大明白説という考え方に立っていると考えられます（塩野一八〇頁、藤田二五二頁、大橋一八四頁）。重大明白説とは、行政行為に内在する瑕疵が重要な法規に反するものであって、かつ、その瑕疵の存在が明白である場合に、その行政行為を無効とするという見解です。**（注一）**

ウ　ここで、明白性について若干の議論があります。明白性とは、少なくとも、処分の発動要件について瑕疵があることが明白でなければならないことを意味すると考えられます（大橋一八六頁）。それと並んで、明白性とは、一体誰について明白な場合を、ここでいう「明白」というのかという点も問題となります。

例えば、課税処分の場合、課税処分を行う職員にとっては瑕疵のあることが明白であっても、税法に関する専門知識を有しない一般国民にとっては明白とはいえない場合があります（藤田二五三頁）。この点について、既に紹介した最高裁判決（最判昭三六・三・七）は、外観上一見明白説に立っているといわれます（塩野一八一頁）。

外観上一見明白説

エ　右に述べたとおり、最高裁は、外観上一見明白説をとっているといわれますが、他方で、最高裁の判決の中には、それのみでは説明が付かないものも見受けられるという指摘もされています（藤田二五六頁）。すなわち、明白性が欠如していたとしても、利

益衡量の観点から処分を無効としたものが認められるとされています（同頁）。**（注二）**

（注三）

（注一） 最高裁昭和三六年三月七日判決は、「行政処分が当然無効であるというためには、処分に重大かつ明白な瑕疵がなければならず、ここに重大かつ明白な瑕疵というのは、『処分の要件の存在を肯定する処分庁の認定に重大・明白な瑕疵がある場合』を指すものと解すべきことは、当裁判所の判例である（中略）。右判例の趣旨からすれば、瑕疵が明白であるというのは、処分成立の当初から、誤認であることが外形上、客観的に明白である場合を指す（中略）。また、瑕疵が明白であるかどうかは、処分の外見上、客観的に、誤認が一見看取し得るものであるかどうかにより決すべきものであって、行政庁が怠慢により調査すべき資料を見落としたかどうかは、処分に外形上客観的に明白な瑕疵があるかどうかの判定に直接関係を有するものではなく、行政庁がその怠慢により調査すべき資料を見落としたかどうかにかかわらず、外形上、客観的に誤認が明白であると認められる場合には、明白な瑕疵があるというを妨げない。」としている（民集一五・三・三八一）。

（注二） 最高裁昭和四八年四月二六日判決は、「一般に、課税処分が課税庁と被課税者との間にのみ存するもので、処分の存在を信頼する第三者の保護を考慮する必要のないこと等を勘案すれば、当該処分における内容上の過誤が課税要件の根幹についてのそれであって、徴税行政の安定とその円滑な運営の要請を斟酌してもなお、不服申立期間の徒過による不可争的効果の発生〔中略〕を理由として被課税者に右処分による不利益を甘受させることが、著しく不当と認められるような例外的な事情のある場合には、前記の過誤による瑕疵は、当該処分を当然無効ならしめるものと解するのが相当である」としている（民集二七・三・六二九）。

（注三）　最高裁平成一六年七月一三日判決は、「仮に本件各更正に課税要件の根幹についての過誤があるとしても、前記事実関係によれば、Uは、税務対策等の観点から諸事業の社団化を図り、自ら、Dの定款の作成にかかわり、発起人会、会員総会及び理事会を開催し、Dの名において事業活動を展開するとともに、Dに所得が帰属するとして法人税、法人事業税、法人県民税及び法人市民税の申告をし、申告に係るこれらの税を納付して、高額の所得税の負担を免れたというのである。そうすると、徴税行政の安定とその円滑な運営の要請をしんしゃくしても、なお、不服申立期間の徒過による不可争的効果の発生を理由としてUに本件各更正による不利益を甘受させることが著しく不当と認められるような例外的な事情がある場合（最高裁昭和四八年（行ツ）第五七号同四八年四月二六日第一小法廷判決・民集二七巻三号六二九頁参照）に該当するということもできない。以上によれば、本件各更正が当然無効であるということはできず、原審の前記判断には、判決に影響を及ぼすことが明らかな法令の違反がある。論旨は理由があり、原判決中上告人ら敗訴部分は破棄を免れない。」としている（判時一八七四・五八）。

二―三―四(二)

(二)　無効の行政行為

行政行為の無効事由

ア　行政行為が無効とされる場合（行政行為の無効事由）として、例えば、①主体に関する瑕疵、②内容に関する瑕疵、③手続に関する瑕疵、④形式に関する瑕疵をあげる立場が有力といえます（藤田二五九頁）。そこで、これらの瑕疵について、藤田説を以下のとおり引用した上で、要点のみ説明します。

主体に関する瑕疵

イ　主体に関する瑕疵としては、例えば、そもそも行政処分の権限を有しない者が処分を行った場合（例　市長でない者が市長として処分したとき。）、行政処分を行う権限を有する者が権限外の行為を行った場合（例　県知事が三条許可処分をしたとき。）、行政処分の権限を有する者が意思無能力の状態で処分を行った場合（例　市長が泥酔状態で処分したとき。）などの場合をあげることができます（藤田二六一頁）。

内容に関する瑕疵

ウ　内容に関する瑕疵としては、第一に、内容の不明確な行政行為をあげることができます（藤田二六二頁）。例えば、転用対象農地を特定しないまま行われた転用許可処分は無効と考えられます。

第二に、行政行為の内容が、事実上又は法律上不可能な場合をあげることができます。例えば、存在しない土地に対する農地法五一条に基づく原状回復命令がこれに当たると考えられます。

手続に関する瑕疵

エ　手続に関する瑕疵については、相手方国民又は利害関係人の権利・利益を保護するために設けられている手続に関しては、それを欠く行政処分は、原則として無効となると考えられます（藤田二六三頁）。

聴聞

例えば、農業委員会が、いったん下した三条許可処分を後になって取り消そうとする場合（不利益処分）、事前に相手方に対して聴聞の機会を与える必要があります（行手一三条一項一号。四－一－六参照）。仮にこれを省略して三条許可処分を取り消した場合、当該取消処分は原則的に無効となると考えられます。(注)

他方、同じ手続であっても、行政機関の内部において、もっぱら行政上の便宜を目的としているときは、仮に所定の手段を欠いたとしても、当然に無効とされるものではないと解されます。

形式の瑕疵

オ　形式の瑕疵とは、行政行為が特定の形式で行われることが、法令によって定められているにもかかわらず、これに反して行われた場合を指します（藤田二六四頁）。例えば、行政行為を書面で行うべきことが法律で定められているにもかかわらず、それに反して口頭で行われた場合がこれに当たります。

経由機関意見

(注)　農地法四条三項又は五条三項によれば、都道府県知事等あての農地転用許可申請書が、経由機関としての農業委員会に提出された場合、農業委員会は自ら意見を付して都道府県知事等に対し、右転用許可申請書を送付しなければならない。この場合、転用許可申請の対象となる農地の面積が、同一の事業の目的に供するため三〇アールを超え

都道府県機構

諮問

るときは、あらかじめ都道府県機構（農業委員会ネットワーク機構。農委四三条一項）の意見を聴かなければならないとされている。これは諮問に当たるが、その趣旨は、農業者全体の利益の保護という意味のほか処分の公正性を確保する目的も含まれると考えられる。そこで、仮に必要な諮問を欠いたまま意見の送付が行われたときは、少なくとも、違法な事務処理となる。そして、その状態で行われた都道府県知事等の処分は、処分に至る過程に重大明白な瑕疵が認められると考えられるため、原則として無効となると解する。

第三章　行政裁量

第一節　行政裁量

三－一－一

一　行政裁量の意味

三－一－一㈠

㈠　意義

行政裁量

ア　行政裁量とは、立法府が法律の定める枠内で行政機関に対して認めた判断の余地をいうとされています（宇賀三二四頁）。そして、行政裁量権に基づいて行政機関が行った行為は、裁量行為と呼ばれます（藤田九七頁）。**（注）**

裁量行為

羈束行為

イ　他方、行政裁量権が認められない行為の場合は、法がその処分要件及び処分内容について完全に行政庁を羈束するため、行政行為は法の具体化又は執行ということになります。このような場合を、羈束行為又は羈束処分といいます（田中一一六頁）。

（注）　塩野説は、行政裁量の意味について、「行政行為における裁量とは、法律が行政権の判断に専属するものとして委ねた領域の存否ないしはその範囲の問題である。これを別の面からみると、裁判所が行政行為を審査するに当たり、どこまで審査することができるかの問題、つまり、裁判所は行政行為をした行政庁の判断のどこまでを前提として審理しなければならないかどうかの問題である。そして、裁量が実務上問題となるの

は、裁判所による行政行為の審査範囲という形においてである。」と述べる（塩野一三八頁）。

三―一―一(二)

(二)　行政裁量権が認められる根拠

ア　行政機関に対して行政裁量が認められる根拠については、行政機関の有する専門的知識・能力を尊重するためであるという説明が行われることがあります（芝池六六頁）。

ここで、この問題を考えるに当たっては、行政機関と裁判所の関係についても考察する必要性があります。なぜなら、行政裁量権の行使が現実に問題とされるのは、多くの場合、具体的な行政活動（又は行政処分）が違法か否かという司法審査の場面においてであると考えられるからです（中原一二七頁）。

イ　ある行政処分を受けた者が、裁判所に対し訴訟を提起し、当該処分は違法であるため取り消されるべきであると主張したとしても、当該処分を行う上で行政庁に行政裁量が認められているのであれば、裁判所としては、原則として、それを尊重しなければなりません。すなわち、法律を成立させる過程で、裁判所に判断を委ねるよりも行政庁にその判断を委ねた方が適切であると国会（立法府）が判断していると解される場合には、裁判所も立法府の意思に従い、行政庁の判断を優先させなくてはならないと考えられます（宇賀三二四頁）。

例えば、大学の学生に対する懲戒処分の場合、裁判官があるべき処分内容について検討するよりも、大学内の事情に通じ、直接教育の任に当たっている大学自身の裁量に委ねた方がむしろ適切ということになります（最判昭二九・七・三〇民集八・七・一五〇一）。

ただし、一定の範囲で行政裁量権が与えられている行政庁が、その権限を行使するに当たって、裁量権の範囲を逸脱し、又は裁量権を濫用したような場合には、後に述べるとおり、当該処分は違法と判断されます（三－二－一㈢参照）。

ウ　行政裁量と司法審査の基準（手法）の在り方という問題については、既に多くの行政法学者によっていろいろな分析が行われています。ただ、古い歴史を有する民法学の場合と異なり、行政法学においては、学者ごとにその説くところが微妙に異なっていることがしばしばあり、また、判例の位置付けないし評価についても、必ずしも帰一していないように思えます。

本書は、問題点をいたずらに複雑化して難しく考察するのではなく、なるべく平易に整理して提示したいと考えます。以下、行政処分における裁量権行使を中心に解説します。

三ー一ー二

二　要件裁量と効果裁量

三ー一ー二㈠

㈠　二種類の裁量

行政裁量は、通常、要件裁量と効果裁量に分けられます（塩野一三九頁、大橋二〇二頁、宇賀三二七頁）。

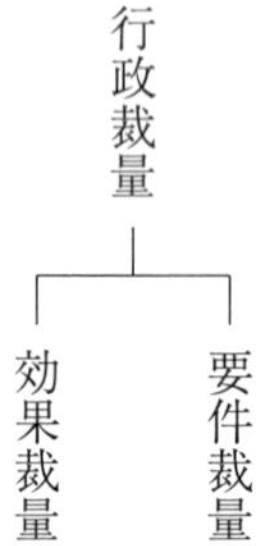

時の裁量

なお、「時の裁量」つまり、行政処分をいつ行うかという点に関する裁量を認める有力説もありますが（塩野一四五頁）、これは効果裁量の一種と捉えれば足りると考えます（藤田一一六頁）。

三ー一ー二㈡

㈡　要件裁量

要件裁量

ア　まず、要件裁量について述べます。いうまでもありませんが、行政処分を行うに当たり、行政庁は、処分を行うための適法要件を満たしている必要があります。そし

不確定概念

て、法律の定める処分要件を充足しているか否かを判断するに当たって、行政庁に行政裁量が認められていると考えられる場合に、それを要件裁量といいます（宇賀三二七頁）。（注一）

イ　例えば、農地法三条三項柱書は、「農業委員会は、農地又は採草放牧地について使用貸借による権利又は賃借権が設定される場合において、次に掲げる要件の全てを満たすときは、前項（第二号及び第四号に係る部分に限る。）の規定にかかわらず、第一項の許可をすることができる。」と定めます。

右の条文の場合、「次に掲げる要件の全てを満た」しているか否かについて、農業委員会に要件裁量が認められていると理解することが可能です。

その理由として、例えば、同項二号をあげることができます。同項二号は、「これらの権利を取得しようとする者が地域の農業における他の農業者との適切な役割分担の下に継続的かつ安定的に農業経営を行うと見込まれること。」と定めています。

しかし、どのような場合に、他の農業者との適切な役割分担の下に継続的かつ安定的に農業経営を行うと見込まれるのかという点は、一義的に又は客観的に決まることではありません。つまり、この場合は、不確定概念によって、処分要件（許可要件）が定められているということができます。（注二）

ウ　このように、申請者から個別に三条許可申請が行われたときは、農業委員会において、右の場合に該当するか否かの点を判断しなければならず、その際に、農業委員会は要件裁量権を行使することができると考えます。

（注一） 要件裁量の内容について、藤田説は、「少なくとも、ⅰ一定の事実そのものが存在するか否か（事実の存否）、ⅱ処分のための要件を定めている法律の規定は、どのような意味を有するか（法律の解釈）、ⅲ当該の事実は、この法律が定めている事実に当たるか（事実の、法律への当てはめ）、と言った判断を含むことになるであろう。」と述べる（藤田一一五頁）。

（注二） 法律の中には、処分要件となる不確定概念すら存在しない場合がある。しかし、最高裁判決の中には、そのような場合であっても、行政庁に行政裁量を認めた例がある（大橋二〇四頁）。出入国管理及び難民認定法二六条一項の定める外国人の我が国に対する再入国不許可処分が争われた事件で、最高裁は、本邦に在留する外国人が、その在留期間の満了の日以前に本邦に再入国する意図をもって出国しようとするとき、法務大臣は、「その者の申請に基づき、再入国の許可を与えることができる旨規定するのみで、右許可の判断基準について特に規定していないが、右は、再入国の許否の判断を法務大臣の裁量に任せ、その裁量権の範囲を広範なものとする趣旨からであると解される。なぜならば、法務大臣は、再入国の許可申請があったときは、我が国の国益を保持し出入国の公正な管理を図る観点から、申請者の在留状況、渡航目的、渡航の必要性、渡航先国と我が国との関係、内外の諸情勢等を総合的に勘案した上、その許否につき判断すべきであるが、右判断は、事柄の性質上、出入国管理行政の責任を負う法務大臣の裁量に任せるのでなければ到底適切な結果を期待することができないものだからである。」と判示し、法務大臣の広範な裁量を肯定している（最判平一〇・四・一〇民集五二・三・七七六）。

三－一－二㈢
効果裁量
決定裁量
選択裁量

㈢　効果裁量

ア　次に、効果裁量です。効果裁量とは、処分要件が満たされたことを前提として、実際に処分をするか否か（決定裁量）、仮にするとした場合にどのような内容の処分をするか（選択裁量）について、行政庁に裁量権が認められていることを指します（中原一三〇頁）。

イ　先に要件裁量について説明した際に、農地法三条三項柱書を示しました。そこには、「第一項の許可をすることができる。」と定められています。これは、農業委員会において三条許可処分をすることもできるし、場合によっては許可処分をしないこともできることを示していると解されます（効果裁量ないし決定裁量）。ただし、処分要件が充足されたときは、許可処分を行うことが原則的な取扱いとなっているにもかかわらず、特定の申請について、合理的理由のないまま不許可処分を行った場合、それが違法と判断されることがあると考えられます（三－二－二㈠参照）。

三－一－三

三　実例の検討

三－一－三㈠

㈠「～できる」という条文における行政裁量

ア　かつて、酒税法九条一項に基づく酒類の販売業免許の申請に対する拒否処分が争われた事件がありました。酒税法一〇条柱書は、「次の各号のいずれかに該当するときは、税務署長は、酒類の製造免許、酒母若しくはもろみの製造免許又は酒類の販売業免許を与えないことができる。」と定めています。

右の条文によれば、同法一〇条各号のいずれかに該当すると認められるとき（要件裁量）は、免許を「与えない」又は例外的に「与える」という処分（効果裁量）を、また、該当すると認められないとき（要件裁量）は免許を「与える」という処分（効果裁量）を行うことになると解されます。

限定的列挙

イ　これについて最高裁は、「原判決を破棄する。本件を東京高等裁判所に差し戻す。」との判決を下しました。判決は、酒税法一〇条各号の一つに該当するときは免許を与えないことができると規定しているが、これらは限定的列挙であり、これらに該当すると認められないときは、申請どおり免許を与えなければならないとしました（最判平一〇・七・三判時一六五二・四三）。**（注）**

（注）　最高裁平成一〇年七月三日判決は、「酒類販売業につき免許制が採られているの

職業選択の自由

は、酒税の納税義務者とされた酒類製造者のため、酒類の販売代金の回収を確実にさせることによって消費者への酒税の負担の円滑な転嫁を実現する目的で、これを阻害するおそれのある酒類販売業者を酒類の流通過程から排除することとして、酒税の適正かつ確実な賦課徴収を図るためであると解される。そして、右免許の要件を定めた法一〇条は、同条各号の一に該当するときは免許を与えないことができると規定しているが、これは、右免許制が憲法二二条一項の保障する職業選択の自由に対する規制措置であることにかんがみ、酒類製造者において酒類販売代金の回収に困難を来すおそれがあると考えられる場合を限定的に列挙して、免許の申請がそれらのいずれかに該当すると認められる場合に限って免許を与えないことができるものとし、それらに該当するとは認められない場合には申請どおり免許を与えなければならないものとする規定であるというべきである。〔中略〕以上に述べたところからすれば、『経営の基礎が薄弱である』（一〇号）、『酒類の需給の均衡を維持する必要がある』、『免許を与えることが適当でない』（一一号）という抽象的な文言をもって規定されている免許拒否の要件を拡大して解釈適用するときは、右の立法目的を逸脱して、事実上既存業者の権益を保護するため新規参入を規制することにつながり、憲法の前記規定に違反する疑いを生ずるといわなければならないのであって、あくまで右の立法目的に照らしてこれらの要件に該当することが具体的事実により客観的に根拠付けられる必要があるものと解すべきである。」とした。立法目的を逸脱して酒類販売業免許の拒否事由を拡大解釈し、それを適用して拒否処分を行うことは、違法となるとの立場を示したものである。ただし、右判決は、酒税法に関する解釈について判断したものにすぎず、これを一般化することはできないと考えられる。

三―一―三(二)

(二)「〜できない」という条文における行政裁量

ア　農地法三条二項は、「前項の許可は、次の各号のいずれかに該当する場合には、することができない。」と定めます。このことから、農地法三条許可申請が出された場合に、同法三条二項各号のいずれかに該当する事由があれば、許可処分を行うことができないのは明らかです。

農地法全体の趣旨

問題は、右に掲げた各号に該当する事由が存在しない場合において、なお不許可処分を行うことができるかです。この点について、各号のいずれにも該当しない場合に、反対解釈によって、必ず許可しなければならないということにはならないが、原則として許可すべきであると解する立場があります（逐条農地八五頁）。ただし、同時にこの立場は、「各号のいずれにも該当しない場合でも許可することが農地法の目的その他農地法全体の趣旨に明らかに反すると認められるような場合には許可しないとすることも許される」と解しています（同頁）。

イ　そこで、先の平成一〇年七月三日の最高裁判例が示した考え方を参考にして、次のとおり考察します。

まず、農地法三条が許可制をとっている理由ですが、「不耕作目的、投機目的等望ましくない農地等の権利移動を規制し、農地等が生産性の高い農業経営によって効率的に利用されるように誘導するため、権利移動が行われる機会を捉えて土地利用の効率化を期するための規定として重要な意義を有する。」と考えられます（逐条農地四七頁）。

許可制度の趣旨

ウ　右の考え方を前提とすれば、農地法三条一項の許可制度の趣旨には二つのものがあると考えられます。第一に、不耕作目的など望ましくない農地の権利移動・設定を規制するという目的です。第二に、農地が生産性の高い農業者によって効率的に利用されるよう誘導するという目的です。

そして、農地法三条二項各号は、右の趣旨を実現するために定められた不許可要件であると考えられます。他方、農地法三条一項による許可制度は、憲法二九条一項の定める財産権行使の自由に対する制限の意味を持つことから、許否の判断に当たっては、一定の合理性を具備する必要があると考えられます。

財産権行使の自由

エ　本書の立場は、次のとおりです。一定の合理性を有するものとして農地法三条二項各号に現に掲げられた事由（不許可要件）は、必ずしも限定的列挙と捉える必要はないと考えます。個別の三条許可申請に対し、行政庁（農業委員会）において当該許可を行うことが、農地法の立法目的に明らかに反する結果を招く蓋然性が高いと合理的に判断されるときは、不許可処分を行うことも可能と解します。

三－一－三㈢

㈢「～しなければならない」という条文における行政裁量

ア　農地法三条の二第二項柱書は、「農業委員会は、次のいずれかに該当する場合には、前条第三項の規定によりした同条第一項の許可を取り消さなければならない。」と定めています。

ここで右の条文は、「許可を取り消さなければならない。」と規定していることから、同項一号又は二号に該当する事実が発生したと認められる場合、農業委員会は、既に行った三条許可処分を取り消す（ただし、正確には「撤回する」という意味です。）ことが義務付けられると考えることが可能です（必要的取消し）。

必要的取消し

イ　右の条文を分析しますと、農業委員会が撤回権を行使する際に、その要件を具備しているか否かの点について、農業委員会に裁量権があると考えられます。なぜなら、例えば、同項一号は、賃借人がその農地を適正に利用していないことを前提事実として、賃貸人が賃貸借契約を解除しない場合に三条許可の取消し（撤回）を認めているためです。

〈農地が適正に利用されているのか否かという事実判断は、必ずしも一義的・客観的に行い得るものではなく、農業に対する知見を有する農業委員会による専門的判断に委ねられる余地があり、この点に裁量権を認めることができると解されます。以上のように、農業委員会は、要件裁量権を有すると考えます。

ウ　では、次に農業委員会に効果裁量権を認めることは可能でしょうか。前記のとおり、効果裁量権とは、処分要件が充足されたことを前提として、実際に処分をするかどうか、また、いつ、どのような内容の処分をするか、という点に関する裁量権を指します（三-一-二㈢参照）。この点については、農地法三条の二第二項は、明文で「取り消さなければならない。」と定めていることから、一義的に取り消すことが義務付けられていると解釈することも可能です。

エ　しかし、少なくとも授益処分についての撤回処分は、自由に行うことができないという考え方が判例・学説の支配的見解であることから（二-三-三㈠参照）、諸般の事情を考慮の上、農業委員会において撤回処分を行わないことも可能と解します。**(注)**

(注)　有力説は、撤回事由が発生した場合の対応について、「撤回事由が発生したときには、当然撤回しうることにはならないのであって、相手方の事情等を考慮した適切な利益衡量が必要とされる。なお、個別法に根拠規定がある場合に、それが必要的取消し（撤回）か、裁量（効果）的取消し（撤回）に当たるかは、当該根拠規定の解釈問題となるが、撤回権の制限の原則からみれば、必要的取消権の制度の存在は、限定的に解されることとなる」と述べる（塩野一九四頁）。

第二節　行政裁量の司法審査

三－二－一

一　司法審査の手法

三－二－一㈠

㈠　二つの種類の司法審査

行政庁が行政処分を行った後に、当該処分が適法なものであるか、あるいは違法なものであるかの点が処分の取消訴訟などで争われた場合に、裁判所の司法審査の在り方については、次に述べる二つの種類があると考えられます（中原一一九頁）。

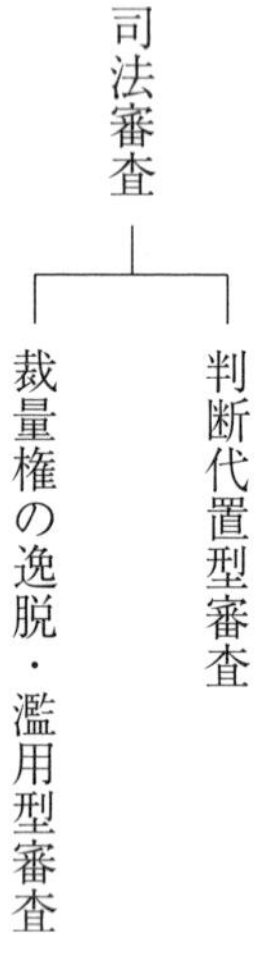

三－二－一㈡　判断代置型審査

㈡　判断代置型審査

第一に、判断代置型審査といわれるものがあります。これは、処分要件の存否について、裁判所が、処分行政庁と同一の立場に立って独自の判断を下し、それをもって行政庁の判断に置き換えるというものです（判解平成二五年度二四一頁）。

水俣病の認定

最高裁は、熊本県知事が、昭和五五年に水俣病の認定申請を棄却する処分を行ったところ、その違法性が争われた事件において、「上記の認定自体は、〔中略〕客観的事象としての水俣病のり患の有無という現在又は過去の確定した客観的事実を確認する行為であって、この点に関する処分行政庁の判断はその裁量に委ねられるべき性質のものではないというべきであり、前記〔中略〕のとおり処分行政庁の審査の対象を殊更に狭義に限定して解すべきものともいえない以上、上記のような行政処分庁の判断の適否に関する裁判所の審理及び判断は、原判決のいうように、処分行政庁の判断の基準とされた昭和五二年判断条件に現在の最新の医学水準に照らして不合理な点があるか否か、公害健康被害認定審査会の調査審議及び判断の過程に看過し難い過誤、欠落があってこれに依拠してされた処分行政庁の判断に不合理な点があるか否かといった観点から行われるべきものではなく、裁判所において、経験則に照らして個々の事案における諸般の事情と関係証拠を総合的に検討し、個々の具体的な症候と原因物質との間の個別的な因果関係の有無等を審理の対象として、申請者につき水俣病のり患の有無を個別具体的に判断すべきものと解するのが相当である。」と判示し（最判平二五・四・一六民集六七・四・一一一五）、本件については、裁判所が経験則に基づいて審査することが適切であるとの

客観的事実

経験則

立場を明らかにしました（大橋二〇九頁）。（注）

（注）法が要件裁量を認めているのか否かは、結局のところ、処分要件を定める法令の規定の解釈問題に帰すると解される（判解平成二五年度二四一頁）。なお、「法が処分を行政庁の裁量に任せる趣旨、目的、範囲は各種の処分によって一様ではないのであるから、どのような場合に行政庁の裁量が認められるのかは、各種の処分ごとに検討しなければならないものと解される。認定に基づき補償給付がなされるという本件の水俣病の認定処分に即して検討すると、処分要件の充足について、判断代置型審査が行われるのか裁量審査が行われるのかは、当該処分要件を定める規定の文言に加え、事柄の性質、すなわち当該事実が特殊な立場にある者にだけ判断できる性格のものかどうか、当該処分の効果として何らかの給付が行われるものについては、当該給付が権利性の強いものであるのか恩恵的なものであるのか等の要素を考慮に入れつつ、制度の仕組み、性格を総合考慮して判断することになるものと考えられる。」（同二四二頁）。

三—二—一㈢
裁量権の逸脱・濫用型審査

㈢　裁量権の逸脱・濫用型審査

ア　第二に、裁量権の逸脱・濫用型審査と呼ばれるものがあります（宇賀三三三頁）。これは、処分行政庁に広範な裁量権を認めた上で、裁判所が、処分行政庁の判断に裁量権の逸脱・濫用があるか否かを審査するものです。

この場合は、裁判所が処分行政庁と同じ立場に立つのではなく、行政庁について行政裁量権が存在することを是認した上で、裁量権の逸脱・濫用があったと認められる場合に、処分を違法とするものです。それを表したものとして、行政事件訴訟法三〇条があります（「行政庁の裁量処分については、裁量権の範囲をこえ又はその濫用があった場合に限り、裁判所は、その処分を取り消すことができる。」）。

マクリーン事件判決

イ　裁量権の逸脱・濫用型審査を認めたものとして、古くは最高裁の昭和五三年一〇月四日判決（マクリーン事件判決）があります。この事件は、旧出入国管理令（現出入国管理及び難民認定法）により、我が国への入国を許可された外国人が在留期間更新を申請したところ、法務大臣が不許可処分を下したため、当該外国人が取消訴訟を提起したものです。

最高裁は、法務大臣が在留期間の更新の許否を決するに当たって、広範な行政裁量権があることを認めた上で（判解平四年度四一四頁）、「その判断が全く事実の基礎を欠き又は社会通念上著しく妥当を欠くことが明らかである場合に限り、裁量権の範囲をこえ又はその濫用があったものとして違法となる」という判断を下しました。**(注)**

(注)　最高裁は、「法務大臣は、在留期間の更新の許否を決するにあたっては、外国人に対する出入国の管理及び在留の規制の目的である国内の治安と善良の風俗の維持、保健・衛生の確保、労働市場の安定などの国益の保持の見地に立って、申請者の申請事由の当否のみならず、当該外国人の在留中の一切の行状、国内の政治・経済・社会等の諸

事情、国際情勢、外交関係、国際礼譲など諸般の事情をしんしゃくし、時宜に応じた的確な判断をしなければならないのであるが、このような判断は、事柄の性質上、出入国管理行政の責任を負う法務大臣の裁量に任せるのでなければとうてい適切な結果を期待することができないものと考えられる。〔中略〕右判断に関する前述の法務大臣の裁量権の性質にかんがみ、その判断が全く事実の基礎を欠き又は社会通念上著しく妥当を欠くことが明らかである場合に限り、裁量権の範囲をこえ又はその濫用があったものとして違法となるものというべきである。したがって、裁判所は、法務大臣の右判断についてそれが違法となるかどうかを審理、判断するにあたっては、右判断が法務大臣の裁量権の行使としてされたものであることを前提として、その判断の基礎とされた重要な事実に誤認があること等により右判断が全く事実の基礎を欠くかどうか、又は事実に対する評価が明白に合理性を欠くこと等により右判断が社会通念に照らし著しく妥当性を欠くことが明らかであるかどうかについて審理し、それが認められる場合に限り、右判断が裁量権の範囲をこえ又はその濫用があったものとして違法であるとすることができるものと解するのが相当である。」とした（最判昭五三・一〇・四民集三二・七・一二二三）。

二　裁量権の逸脱・濫用

三－二－二

㈠　裁量権の逸脱・濫用とは

三－二－二㈠

ア　裁量権の逸脱とは、法律が行政機関（行政庁）に対して与えている裁量権が、その範囲を超えて行使されることを意味します（藤田一〇二頁）。

裁量権の逸脱

裁量権の濫用

イ　他方、裁量権の濫用とは、行政機関（行政庁）の行為が、表面的・形式的には法律の許容する裁量権の範囲内において行われているが、法の趣旨に反して裁量権を行使することを意味します（宇賀三三〇頁）。右に述べた裁量権の逸脱の場合も、あるいは裁量権の濫用の場合も、法的効果の違いは全くありませんので、強いて区別する実益は乏しいと考えます（行訴三〇条参照）。

裁量権の逸脱・濫用に当たる場合として、通常、次に掲げるような場合が示されています（塩野一四七頁、藤田一〇二頁、芝池七五頁）。

三－二－二㈡

㈡　事実誤認の場合

事実誤認

ア　事実誤認とは、行政庁が行政処分を行うに当たり事実の認定を誤り、処分要件となる事実が存在しないのに存在する（あるいは、存在するのに存在しない）ものと誤認して処分することを指します（芝池七七頁）。

小田急高架式事業判決

重要な事実に誤認

イ　これに関連して、最高裁の平成一八年一一月二日判決（小田急高架式事業判決）は、都市計画の決定又は変更が裁量権の行使としてされた場合、「その基礎とされた重要な事実に誤認があること等により」重要な事実の基礎を欠くこととなる場合には、裁量権の逸脱又は濫用として違法となるという立場を示しています。**（注一）**

基礎調査の結果

また、都市計画に関する基礎調査の結果が客観性と実証性を欠くものであったにもか

勧告

かわらず都市計画決定が行われたとき、当該決定は違法となるとした東京高裁の判決もあります。（注二）

ウ　農地法についていえば、例えば、農地法三条の二第一項は、同法の定める一定の事由が生じた場合（同項各号）に、農業委員会は相手方（農地について使用貸借による権利又は賃借権を有する者）に対し、必要な措置を講ずるよう勧告する権限を有することを定めます。仮に右に述べた一定の事由が実際には生じていないにもかかわらず、農業委員会が誤って勧告を行った場合、当該勧告は、事実の基礎を欠くものとなって違法性を帯びると解されます。

（注一）　最高裁は、「裁判所が都市施設に関する都市計画の決定又は変更の内容の適否を審査するに当たっては、当該決定又は変更が裁量権の行使としてされたことを前提として、その基礎とされた重要な事実に誤認があること等により重要な事実の基礎を欠くこととなる場合、又は、事実に対する評価が明らかに合理性を欠くこと、判断の過程において考慮すべき事情を考慮しないこと等によりその内容が社会通念に照らし著しく妥当性を欠くものと認められる場合に限り、裁量権の範囲を逸脱し又はこれを濫用したものとして違法となるとすべきものと解するのが相当である。」とした（最判平一八・一一・二民集六〇・九・三二四九）。

（注二）　東京高裁は、「当該都市計画に関する基礎調査の結果が客観性、実証性を欠くために土地利用、交通等の現状の認識及び将来の見通しが合理性を欠くにもかかわらず、そのような不合理な現状の認識及び将来の見通しに依拠して都市計画が決定されたと認められるとき、客観的、実証的な基礎調査の結果に基づいて土地利用、交通等につき現状が正しく認識され、将来が的確に見通されたが、都市計画を決定するについて現状の正しい認識及び将来の的確な見通しを全く考慮しなかったと認められるとき又はこれらを一応考慮したと認められるもののこれらと都市計画の内容とが著しく乖離していると評価することができるときなど法第六条第一項が定める基礎調査の結果が勘案されることなく都市計画が決定された場合は、客観的、実証的な基礎調査の結果に基づいて土地利用、交通等につき現状が正しく認識され、将来が的確に見通されることなく都市計画が決定されたと認められるから、当該都市計画の決定は、都市計画法第一三条第一項第一四号、第六号の趣旨に反して違法となると解するのが相当である。」とした（東京高判平一七・一〇・二〇判時一九一四・四三）。

三－二－二㈢
法律の目的違反（不正な動機）
個室付浴場事件判決

㈢　法律の目的違反（不正な動機）の場合

ア　法律の目的違反（不正な動機）とは、行政機関は、法律の趣旨・目的に沿って与えられた権限を行使しなければならず、仮にこれに反した場合は違法となるという原則です（芝池七六頁）。個室付浴場事件判決では、業者による個室付浴場の開設を阻止するため、山形県と余目町が協議して、開設予定地の付近に児童遊園を設置することとし、余目町の認可申請に対し山形県知事がこれを認可しました。この山形県知事の行為について、最高裁の昭和五三年五月二六日判決は、行政権の濫用として違法であると判示しました。（注）

違法な公権力の行使

イ　ただし、右判決は、山形県知事による児童遊園設置認可処分が、行政処分として適法に成立したことまで否定するものではなく、単に、当該処分が業者に対する関係で国家賠償法一条の違法な公権力の行使に当たるという判断を示したものにすぎないと解されます（判解平成一六年度（下）八二〇頁）。

目的拘束の法理

このように、行政機関による裁量権の行使については、裁量権を与えた法律の目的によっても拘束されていると考えられ、これを目的拘束の法理と呼ぶ立場もあります（芝池七六頁）。

（注）　最高裁は、「原審の認定した右事実関係のもとにおいては、本件児童遊園設置認可処分は行政権の著しい濫用によるものとして違法であり、かつ、右認可処分とこれを前提としてされた本件営業停止処分によってXが被った損害との間には相当因果関係があると解するのが相当であるから、Xの本訴損害賠償請求はこれを認容すべきである。」とした（最判昭五三・五・二六民集三二・三・六八九）。

三－二－二⑷
平等原則違反
比例原則違反
職務命令
懲戒処分

⑷　平等原則違反・比例原則違反の場合

ア　平等原則違反とは、文字どおり合理的な理由がないにもかかわらず、特定の個人を差別的に取り扱うことを禁ずる考え方です（宇賀三三二頁）。最高裁も、「行政庁は、何等いわれがなく特定の個人を差別的に取り扱いこれに不利益を及ぼす自由を有するものではなく、この意味においては、行政庁の裁量権には一定の限界がある」としています（最判昭三〇・六・二四民集九・七・九三〇）。

イ　比例原則違反とは、ある行政目的を達成するために、必要最小限度を超えた不利益を課することを禁止する原則です（藤田一〇三頁）。一言でいえば、処分原因事実と処分との均衡（バランス）を保つ必要があるということです（芝池七五頁）。

これに関連して、最高裁は、公立学校における重要な行事である卒業式において、国歌斉唱の際に校長の職務命令を無視して起立しなかった等の行為を行った教職員に対する懲戒処分の違法性が争われた事件において、次のように判示しました。

すなわち、「以上によれば、本件職務命令の違反を理由として、第一審原告らのうち過去に同種の行為による懲戒処分等の処分歴のない者に対し戒告処分をした都教委の判断は、社会観念上著しく妥当を欠くものとはいえず、上記戒告処分は懲戒権者としての裁量権の範囲を超え又はこれを濫用したものとして違法であるとはいえないと解するのが相当である。」としました（最判平二四・一・一六判時二一四七・一二七）。懲戒対象者が処分歴のない者である場合は、懲戒処分の中でも最も軽い戒告処分を選択した都教委の判断に、違法の問題は生じないとの立場を示したものと考えられます。

三―二―三

三　実体的審査、判断過程審査及び裁量基準審査

三―二―三(一)

(一)　実体的審査

ア　行政裁量に対する司法審査の在り方に対する分析結果については、現在までのところ、統一された見解（解釈）があるわけではなく、それぞれの行政法学者の説くところは様々であり、必ずしも一致していません。そこで本書は、以下、最大公約数的な考え方を抽出して述べたいと考えます。

司法審査の手法
- 実体的審査
- 判断過程審査
- 裁量基準審査

法の一般原則

イ　前項で紹介した事実誤認、法律の目的違反（不正な動機）、平等原則違反及び比例原則違反は、換言すれば、いずれも法の一般原則に抵触する態様を抽出したものということができます（大橋二一二頁）。また、これらの場合は、処分の内容（実体）に着目

実体的審査

した類型ということができ、これを実体的審査と呼ぶことができます（芝池七九頁）。

実体的審査の場合、裁判所が裁量権の逸脱・濫用を認める場合とは、「行政庁の判断が全く事実の基礎を欠く」場合又は「社会観念上著しく妥当を欠く場合」ということができます（最判昭五二・一二・二〇民集三一・七・一一〇一）。このような審査を社会観念審査と呼ぶ立場もあります（宇賀三三三頁、中原一三三頁）。

社会観念審査

三―二―三㈡

㈡　判断過程審査

判断過程審査

ア　裁量権行使に対する司法審査の手法については、右に述べた実体的審査以外に、行政庁の裁量判断の過程を審査し、仮に不合理な点が認められれば違法とする判断過程審査というものがあります。

日光太郎杉事件判決

イ　判断過程審査を採用した判決として有名なものに、東京高裁の昭和四八年七月一三日判決（日光太郎杉事件判決）があります。この判決は、当時の建設大臣が、日光東照宮の境内地の一部を強制収容しようとした事件を取り扱ったものです。一審宇都宮地裁は、原告（宗教法人）を勝訴させたため、敗訴した栃木県知事らが控訴をしましたが、右東京高裁は、控訴を棄却しました。同判決は、建設大臣が行政裁量権を行使するに当たり、最も考慮すべき事項を考慮せず、逆に考慮すべきでない事項を考慮したなどと述べた上で、建設大臣の判断の方法ないし過程に誤りが認められ、処分は違法である

エホバの証人事件判決

退学処分

使用不許可処分

と判示しました。（注一）

ウ　同じく判断過程の審査を行ったと解される著名な最高裁判決があります（エホバの証人事件判決。最判平八・三・八民集五〇・三・四六九）。この事件は、神戸高専の学生Xが、宗教上の信条に基づいて、必修科目である保健体育科目の授業のうち剣道実技に参加しなかったため、評点不足により同科目の修得認定を受けられず、校長から原級留置及び退学処分を受けたため、Xがこれらの処分の取消しを求めて出訴した事件です（判解平成八年度（上）一七四頁）。

右の訴えについて、最高裁は、校長が取った措置は、考慮すべき事項を考慮しておらず、又は考慮された事実に対する評価が明白に合理性を欠き、社会観念上著しく妥当を欠く処分であって、裁量権の範囲を超える違法なものであるという判断を下しました。（注二）

エ　近時の最高裁判決の中にも、判断過程審査の考え方を取り入れたものがあります。

例えば、最高裁の平成一八年二月七日判決（民集六〇・二・四〇一）は、教職員団体が市立中学校の体育館を教育研究集会の会場として使用したい旨を呉市教育委員会に申し出たところ、同市教育委員会が使用不許可処分をしたため、教職員団体がそれを違法と捉え、国家賠償を請求した事件を扱ったものです。

小田急高架式事業判決

右最高裁判決は、市教育委員会の行った使用不許可処分について、裁量権の逸脱又は濫用が認められるとして、市の上告を棄却しました。**（注三）**

オ　また、前記したとおり、最高裁の平成一八年一一月二日判決（小田急高架式事業判決）も、「判断の過程において考慮すべき事情を考慮しないこと」により、処分の内容が「社会通念に照らし著しく妥当を欠くものと認められる場合」に裁量権の逸脱又は濫用となって、違法となるという考え方を示しています（三－二－二(二)参照）。

なお、右の最高裁の判決について、社会観念審査と判断過程審査の二つを結合させたものであるという分析があります（塩野一五〇頁）。

（注一）　東京高裁は、「（土地収用法の）目的に照らして考えると、同法二〇条三号所定の『事業計画が土地の適正且つ合理的な利用に寄与するものであること』という要件は、その土地がその事業の用に供されることによって得らるべき公共の利益と、その土地がその事業の用に供されることによって失われる利益（この利益は私的なもののみならず、時としては公共の利益をも含むものである。）とを比較衡量した結果前者が後者に優越すると認められる場合に存在するものである」（中略）「建設大臣がこの点の判断をするにあたり、本来最も重視すべき諸要素、諸価値を不当、安易に軽視し、その結果当然尽すべき考慮を尽さず、または本来考慮に容れるべきでない事項を考慮に容れ若しくは本来過大に評価すべきでない事項を過重に評価し、これらのことにより建設大臣のこの点に関する判断が左右されたものと認められる場合には、建設大臣の右判断は、とりもなおさず裁量判断の方法ないしその過程に誤りがあるものとして違法となる」と判示した（判時七一〇・二三）。

（注二）　最高裁は、「信仰上の理由による剣道実技の履修拒否を、正当な理由のない履修拒否と区別することなく、代替措置が不可能というわけでもないのに、代替措置について何ら検討することもなく、体育科目を不認定とした担当教員らの評価を受けて、原級留置処分をし、さらに、不認定の主たる理由及び全体成績について勘案することなく、二年続けて原級留置となったため進級等規定及び退学内規に従って学則にいう『学力劣等で成業の見込みがないと認められる者』に当たるとし、退学処分をしたという上告人の措置は、考慮すべき事項を考慮しておらず、又は考慮された事実に対する評価が明白に合理性を欠き、その結果、社会観念上著しく妥当を欠く処分をしたものと評するほかはなく、本件各処分は、裁量権の範囲を超える違法なものといわざるを得ない。」と判示した（判時一五六四・三）。

（注三）　最高裁は、「その裁量権の行使が逸脱濫用に当たるか否かの司法審査においては、その判断が裁量権の行使としてされたことを前提とした上で、その判断要素の選択や判断過程に合理性を欠くところがないかを検討し、その判断が、重要な事実の基礎を欠くか、又は社会通念に照らし著しく妥当性を欠くものと認められる場合に限って、裁量権の逸脱又は濫用として違法となるとすべきものと解するのが相当である。〔中略〕

上記の諸点その他の前記事実関係等を考慮すると、本件中学校及びその周辺の学校や地域に混乱を招き、児童生徒に教育上悪影響を与え、学校教育に支障を来すことが予想されるとの理由で行われた本件不許可処分は、重視すべきでない考慮要素を重視するなど、考慮した事項に対する評価が明らかに合理性を欠いており、他方、当然考慮すべき事項を十分考慮しておらず、その結果、社会通念に照らし著しく妥当性を欠いたものということができる。そうすると、原審の採る立証責任論等は是認することができないものの、本件不許可処分が裁量権を逸脱したものであるとした原審の判断は、結論において是認することができる。」と判示した（判時一九三六・六三）。

㈢　農地法関係事務の場合

ア　農地法についていえば、例えば、農地法四条六項本文は、「第一項の許可は、次の各号のいずれかに該当する場合には、することができない。」と定め、同項三号は、転用事業の確実性を担保するため、転用許可申請農地について、転用行為の妨げとなる権利を有する者の同意を得ていないことを不許可事由の一つとしています。

ここで、転用予定農地について、第三者が抵当権を有している場合を想定します。この場合、当該抵当権者は、転用行為の妨げとなる権利者には該当しないと解されます（多数説）。ところが、転用許可権者が法解釈を誤り、抵当権者の同意書が添付されていないことを主な理由として、申請に対し不許可処分を行ったとします。

イ　この場合、転用許否の判断に当たって、本来は考慮すべきでないことが考慮されたため、誤った判断に至ったと考えることができます。仮に不許可処分の取消訴訟が提起された場合、当該処分は違法なものと判断され、取消しを免れないと解されます。

三－二－三(四)
裁量基準

(四)　裁量基準審査

ア　既に述べましたが、裁量基準（審査基準・処分基準）は、行政機関が作成する内部基準にすぎません（一－二－五(二)参照）。そして、行政手続法は、審査基準を定めて公にしておくことを義務付けています（行手五条）。また、処分基準についても、それを定めて公にしておくよう努めなければならないとしています（同一二条）。

イ　そもそも行政庁が、その自主的な判断の下に裁量基準を作成する理由は、主に裁量権の行使が恣意的に行われないようにするためであると考えられます。したがって、行政庁が、あらかじめ定められている裁量基準に従って処分を行った場合、当該処分は、原則として適法であると解することができます。ただし、当該裁量基準自体が合理性を欠くものと判断された場合は、それに基づいて行われた処分も違法性を帯びるものと解されます（一－二－五(三)参照）。

第四章　行政手続

第一節　行政手続

一　行政手続法の制定
四－一－一

㈠　行政手続法の立法目的
四－一－一㈠

平成五年（一九九三年）に制定された行政手続法は、その第一条で立法目的を掲げています。それによれば、同法の目的は、行政運営の公正の確保と透明性の向上を図り、もって国民の権利利益を保護することにあるとされています。

同法は、右の目的を達成するため、処分、行政指導及び届出に関する手続並びに命令等を定める手続に関し、共通する事項を定めています（行手一条一項）。

㈡　適用除外
四－一－一㈡
適用除外

ア　ただし、行政手続法は、自ら適用除外に関する規定を置いています（行手三条）。

例えば、三条一項は、学校（同項七号）、刑務所（同項八号）、公務員（同項九号）について定めていますが、これらの施設で活動し、又は収容されている人々（学生、受刑者、公務員など）については、一般国民とはやや異なる特殊な地位（身分）にあると考えら

部分社会

れるため（いわゆる部分社会）、一般法である行政手続法が適用除外とされたものと考えられます（芝池二二〇頁、中原九九頁）。

イ　また、地方公共団体が行う処分（但し、根拠となる規定が、条例又は規則に置かれているものに限られます。）及び行政指導、届出（同右）並びに地方公共団体の機関が命令等を定める行為についても、行政手続法の規定は適用されません（行手三条三項）。

ウ　ここで注意しなければならない点が二つあります。

第一に、地方公共団体の機関（例えば、都道府県知事、市町村長、市町村農業委員会などがこれに当たります。）が行う処分であっても、根拠規定を法律又は法律に基づく命令に求めることができるときは、行政手続法の規定が適用されるということです（逐条行手九六頁）。

第二に、同じく地方公共団体の機関が行う行政指導について、行政手続法で適用除外とされている理由とは、もともと行政指導は、法律又は条例の根拠がなくても行うことができると考えられているため、問題とされた行政指導が、果たして法律規定事項に関する行政指導なのか否かを明確に区別することが困難と考えられるためです（逐条行手九八頁、中原一〇〇頁）。

他方、行政手続法四六条は、「地方公共団体は、第三条第三項において第二章から前章までの規定を適用しないこととされた処分、行政指導及び届出並びに命令等を定める行為に関する手続について、この法律の規定の趣旨にのっとり、行政運営における公正の確保と透明性の向上を図るため必要な措置を講ずるよう努めなければならない。」と定めます。

行政手続条例

これは、地方自治への配慮の観点から、前記のとおり、一定の範囲のものについては適用除外としたものの、反面、地方公共団体の責任において必要な措置を講ずるよう、努力規定を置いたものです（逐条行手三五〇頁）。その結果、多くの地方公共団体は、行政手続条例を制定するに至っています。

四－一－二　二　申請に対する処分

四－一－二(一)　(一)　申請

申請

ア　申請とは、行政手続法二条三号によれば、「法令に基づき、行政庁の許可、認可、免許その他の自己に対し何らかの利益を付与する処分（以下「許認可等」という。）を求める行為であって、当該行為に対して行政庁が諾否の応答をすべきこととされているものをいう。」と定義されています。

応答義務

行政機関が応答義務を負うと考えられるものについては、仮に実定法で「申請」という用語が使われていなくても、行政手続法上の申請に該当することになります（宇賀手続五〇頁）。そうしますと、果たして行政機関が応答義務を負うか否かの点が次に問題となりますが、これについては、法律の解釈上の問題となると解されます（大橋二一八頁）。

イ　右に関連して、最高裁の平成二一年四月一七日判決は、子（非嫡出子）が生まれたため、親が特別区の区長に対し住民票に記載するよう申出をしたところ、区長が出生届が受理されていないことを理由に住民票に記載をしない旨の応答をしたため、親が特別区を訴えた事件において、親からの申出に対し、区長に応答義務はないとの判断を示しました。**（注）**

（注）　最高裁は、「上告人子につき住民票の記載をすることを求める上告人父の申出は、住民基本台帳法（以下「法」という。）の規定による届出があった場合に市町村（特別区を含む。以下同じ。）の長にこれに対する応答義務が課されている（住民基本台帳法施行令（以下「令」という。）一一条参照）のとは異なり、申出に対する応答義務が課されておらず、住民票の記載に係る職権の発動を促す法一四条二項所定の申出とみるほかないものである。したがって、本件応答は、法令に根拠のない事実上の応答にすぎず、これにより上告人子又は上告人父の権利義務ないし法律上の地位に直接影響を及ぼすものではないから、抗告訴訟の対象となる行政処分に該当しないと解される〔中略〕。そうすると、本件応答の取消しを求める上告人子の訴えは不適法として却下すべきである。」と判示した（最判平二一・四・一七民集六三・四・六三八）。

㈡　審査基準

ア　行政手続法五条一項は、「行政庁は、審査基準を定めるものとする。」と規定しています（設定義務）。ここでいう審査基準とは、申請により求められた許認可等をするかどうかを、その法令の定めに従って判断するために必要とされる基準をいいます（行手二条八号ロ）。

イ　ここで、右条文上は、「定めるものとする。」と書かれており、「定めなければならない。」とはされていないため、果たして、審査基準の設定は義務的なものといえるのかという問題があります。

しかし、後記する処分基準については、「努めなければならない。」と規定されていることとの対比上（行手一二条一項）、審査基準の設定は、義務的なものであると解されています（塩野三一八頁、芝池二二二頁、大橋二一八頁、宇賀手続八九頁）。

審査基準
- 設定義務（行手五条一項）
- 具体化義務（同条二項）
- 公開義務（同条三項）

四－一－二㈢

行政庁

審査基準の設定義務

農地法関係事務処理基準

㈢　審査基準の設定義務

ア　ただし、行政庁が処分を行うに当たり、法令の定めのみによって、申請に対する許否の判断が十分に可能であるときは、審査基準を定めることは義務付けられていないと解されます（逐条行手一三四頁、宇賀四二五頁）。**（注一）**

イ　ところで、審査基準の設定義務を負うのは行政庁であるとされていますが、ここでいう「行政庁」とは、処分庁のことを指すと解されます（宇賀手続九三頁）。

したがって、第一号法定受託事務の処分庁が農業委員会と定められているような場合（例えば、耕作目的の農地の権利移転を規制する農地法三条一項許可処分が、これに当たります。）、たとえ農林水産大臣が審査基準の性質を有する「農地法関係事務処理基準」を定めていたとしても（一－二－四㈣参照）、処分庁である農業委員会は、自ら審査基準を作成する義務を負うと解されます（宇賀手続九三頁）。

ただし、この場合、国の通知を参照して、農業委員会の審査基準を作成することは許されると解されています。**（注二）**

（注一）　原爆症認定申請に関する却下処分の取消請求が認容された事件に関し、大阪高裁は、許認可に係る法令の定めが十分に具体的で、実質的意味の審査基準が法令の定めに尽くされているときは、それに加えて、新たに形式的意味の審査基準を設定する義務はないという考え方を示している。同判決は、「上記条項〔筆者注・行手五条一項〕が行政庁に対して審査基準の設定を義務づけている趣旨は、行政庁による法令の解釈・適用に際しての裁量行使を公正なものとし、行政過程の透明性の向上を図ろうとするものであり、あわせて処分の申請人にとって行政庁の応答についての予測可能性を高めることにより、申請人が手続上受けるべき権利利益の保護にも配慮したものと解される。そして、同条二項は、これに加えて、審査基準を設定するに当たっては、許認可等の性質に照らしてできる限り具体的なものとしなければならないと規定しているので、仮に、当該許認可等の申請に関わる申請人の権利利益の性質や許認可申請の実態に即応した形で具体化が図れるのであれば、行政庁としても、上記趣旨に沿うよう極力具体化に努めるべきものではある。しかしながら、一方で、当該許認可に係る法令の定めが十分に具体的で、審査基準が法令の定めに尽くされているのであれば、それに加えて新たに基準を作る必要はないし、逆に当該許認可等の性質上、常に個々の申請について個別具体的事情に逐一踏み込んで判断をせざるをえないのであれば、法令の定め以上に具体的基準を定立するのは困難といわざるを得ないから、そのような場合は、審査基準を定めることを要しないと解するのが相当である。」と判示した（大阪高判平二〇・五・三〇判時二〇一一・八）。

（注二） 国の機関である農林水産大臣と、市町村の機関である農業委員会は、上級行政庁・下級行政庁の関係に立つものではなく、法的には対等の立場にある。例えば、農地法三条一項の許可については農業委員会が処分庁とされているが、当該処分は、第一号法定受託事務に該当する（農地六三条一項柱書）。仮に、例えば、Ａ市農業委員会が、農林水産大臣の定めた農地法関係事務処理基準（自治二四五条の九第一項・第三項）の示す内容に沿った形で、申請に対する許否の審査を行う方針を内部的に了解していたとしても、Ａ市農業委員会としては、同処理基準の全部又は一部を自らの審査基準として決定しておく必要があると解される（逐条行手一三五頁）。これに関し、逐条行政手続法は、「本項は、行政庁が『申請により求められた許認可等をするかどうかをその法令の定めに従って判断するために必要とされる基準』を自ら定めることを規定しているものである。したがって、例えば、上級庁たる法令所管庁が行政庁に対して、事務の統一的な処理を確保する等の目的から、各個別法に定められた委任関係等に基づき許認可等の運用通達等をし、行政庁が当該通達等に従いこれをそのまま借用し自らの基準として用いる場合も少なくないと考えられるが、このような場合は、当該運用通達等を自らの審査基準として決定する行為が『審査基準を定め』たということになる。なお、このように、上級庁からの運用通達等に示された判断の基準、方針等をもって、行政庁自らの審査基準と定めたといえるためには、当該行政庁の審査基準が当該運用通達等と同内容である旨（若しくは、当該運用通達等のどの箇所が当該行政庁の審査基準に該当するか）を申請しようとするものに明確に分かるようにすることが必要である。」との法解釈を示す（同頁）。

四－一－二㈣

㈣　審査基準の具体化義務

審査基準の具体化義務

ア　審査基準を定めるに当たっては、できる限り具体的なものとしなければなりません（審査基準の具体化義務。行手五条二項）。この場合、どの程度まで具体的に定める必要があるのかという点が問題となります。**（注一）**

イ　例えば、農地法三条二項柱書は、「前項の許可は、次の各号のいずれかに該当する場合には、することができない。」と定め、同項各号には不許可とされる場合の要件（不許可要件）が列挙されています。

区分地上権

しかし他方、同項ただし書においては、その例外が明文で示されています。例えば、区分地上権の場合は、「ただし、民法第二六九条の二第一項の地上権又はこれと内容を同じくするその他の権利が設定され、又は移転されるとき〔中略〕は、この限りでない。」と定められています。この区分地上権とは、工作物を所有するため、土地の地下又は地上の空間に限定して地上権を設定する場合をいいます。

したがって、区分地上権を農地に設定（又は移転）しようとする場合は、例外的に三条許可を行い得るという取扱いがされていることが分かります。

ただし、区分地上権であれば、一律に許可を受けられるものとはされていません。許可が受けられるための審査基準が農地法関係事務処理基準に定められています。**（注二）**

（注一）　逐条行政手続法は、「審査基準に求められる具体性の程度は当該許認可等の性質に照らして決せられるべきものである。すなわち、羈束性の強い処分にあっては、審査基準は一義的な判断が可能な程度までできる限り具体化されることが望ましいが、一方、行政庁に広範な裁量が認められている許認可等については、法が行政庁に個々の案件に応じた適切な判断を期待して裁量を与えた趣旨に照らして、方針、考慮事項といったものとなることも考えられる。」という見解を示す（逐条行手一三六頁）。

（注二） 農地法関係事務処理基準は、例外的に許可を受けることのできる区分地上権の内容について、「民法（明治二九年法律第八九号）第二六九条の二第一項の地上権又はこれと内容を同じくするその他の権利の設定又は移転については、その権利の設定又は移転を認めてもその権利の設定又は移転に係る農地等及びその周辺の農地等に係る営農条件に支障を生ずるおそれがなく、かつ、その権利の設定又は移転に係る農地等をその権利の設定又は移転に係る目的に供する行為の妨げとなる権利を有する者の同意を得ていると認められる場合に限り許可するものとする。」と定め、具体的な審査基準を示している（処理基準第三・二㈠）。

四－一－二㈤

審査基準の公開義務

㈤　審査基準の公開義務

ア　審査基準については、「法令により申請の提出先とされている機関の事務所における備付けその他の適当な方法により審査基準を公にしておかなければならない。」としています（審査基準の公開義務。行手五条三項）。

公にしておく
公表する

ここでいう「公にしておかなければならない。」という条文の解釈について、「申請をしようとする者あるいは申請者に対し、審査基準を秘密にしないとの趣旨である（対外的に積極的に周知することまで義務付けるものではない。）」と解釈する立場があります（逐条行手一三六頁）。**（注）**

イ　しかし、審査基準の設定・公開が義務付けられた主な理由は、①行政庁の判断の公正性・合理性を担保すること、②処分後に当該処分に対する不服申立て又は裁判所への出訴に当たって便宜を図ることにあるとされています（大橋二二九頁、宇賀手続九一頁）。

また、申請人においては、許可申請の前の準備段階において、許可を得る見込又は可能性の有無を検討するに当たって、行政庁の審査基準の内容を把握しておくことは、極めて有用と考えられます。昨今においては、科学技術の進歩もあって、インターネットを利用した簡易で効果的な手法を用いることが可能となっており、行政庁としても積極的に審査基準をオープンなものとする姿勢が求められます。

（注）「公にしておく」という文言と「公表する」という文言とは意味が異なり、前者の場合は秘密扱いをしないという意味であるが、後者の場合は国民への積極的な周知措置（義務）まで含まれると説く立場がある（芝池二二三頁、宇賀手続九二頁）。

三　申請に対する審査・応答

四－一－三

㈠　審査・応答義務

四－一－三㈠

ア　行政手続法七条は、「行政庁は、申請がその事務所に到達したときは遅滞なく当該申請の審査を開始しなければならず、かつ、申請書の記載事項に不備がないこと、申請書に必要な書類が添付されていること、申請をすることができる期間内にされたものであることその他の法令に定められた申請の形式上の要件に適合しない申請については、速やかに、申請をした者（以下「申請者」という。）に対し相当の期間を定めて当該申請の補正を求め、又は当該申請により求められた許認可等を拒否しなければならない。」と定めます。

イ　右の条文は、申請が行政庁に到達したときは、遅滞なく審査を開始し、申請が形式上の要件に適合していないときは、補正を求めるか、又は申請の拒否（却下）をしなければならないことを定めたものといえます（塩野三一九頁）。ここでは、いろいろな問題があります。

到達

ウ　第一に、申請（申請書）が行政庁に到達したとは、許認可権を有する行政庁の事務所に物理的に到達し、担当者が了知可能な状態に置かれることを意味します（逐条行手一四四頁）。したがって、その時点で審査義務が発生すると考えられ、必ずしも行政庁の受領印などが押される必要はないと解されます。すなわち、従来、実務上行われてきた「受理」という行為は、もはや行政手続法上の概念としては位置付けられていません。仮に行政庁によって「受理しない」というような対応が行われたとしても、申請が到達している以上、既に行政庁には審査義務が生じていることになります。（塩野三二〇頁）。**（注一）（注二）（注三）（注四）**

地方支分部局

また、許認可権を有する行政庁（本庁）の地方事務所（地方支分部局）に申請が提出されたときも、同じく行政庁に審査義務が生じると解されます（逐条行手一四五頁）。

経由機関

エ　第二に、行政庁と別個の独立した行政機関が経由機関とされている場合はどうでしょうか。経由機関である町長に申請が行われた時点で、県の建築主事について審査義務が発生するとした判決もあります（名古屋高裁金沢支部判決平元・一・二三行集四〇・一～二・一五。宇賀四三一頁）。

しかし、このような場合に、申請が経由機関の事務所に提出された時点で行政庁の審査義務が発生すると考えることは相当ではなく、申請が行政庁（又は地方支分部局）の事務所に送付されたときに、審査義務が発生すると解されます（逐条行手一四五頁）。

例えば、農地の転用許可処分についていえば、農地法四条二項は、「前項の許可を受けようとする者は、農林水産省令で定めるところにより、農林水産省令で定める事項を記載した申請書を、農業委員会を経由して、都道府県知事等に提出しなければならない。」と定め、同条三項は、「農業委員会は、前項の規定により申請書の提出があったときは、農林水産省令で定める期間内に、当該申請書に意見を付して、都道府県知事等に送付しなければならない。」と定めます。**（注五）**

この場合、農地の転用許可権限を有する行政庁である都道府県知事等において、特定の申請者から、具体的な農地転用許可申請が提出されたことを知ることが可能な最初の時点とは、経由機関である農業委員会から、都道府県知事等の事務所に農地転用許可申請書が到達した時と考えます。

受理

（注一） かつての行政実務においては、たとえ申請（申請書）が行政庁の事務所に提出されても、窓口の担当者において形式的要件を事実上審査し、それが満たされている申請については受理してその後に審査を行うが、形式的要件を欠くものについては受理をせず、申請書の取下げ勧告、受付け拒否、返戻などの事実上の措置（行政指導）を取ることがしばしばあった。つまり、行政庁の窓口で正式に申請が受理されることが、審査に入るための前提要件であるかのように認識され、申請権が形骸化した状況にあった（宇賀四二九頁）。そこで、行政手続法は、「受理」概念を否定し、申請の到達によって行政庁に審査義務が当然に発生することを明確にした（行手七条）。

（注二） 行政庁による「受理をしない」という対応について、塩野説は、「申請があった以上、すでに行政庁の審査義務があるので、受理拒否の状態は法律上は審査懈怠を意

届出

味することになり、これを前提とした法的評価が必要となると思われる」との見解を示している（塩野三二〇頁）。

（注三） 申請に似たものとして、届出がある。届出については定義が定められており、「行政庁に対し一定の事項の通知をする行為（申請に該当するものを除く。）であって、法令により直接に当該通知が義務付けられているもの（自己の期待する一定の法律上の効果を発生させるためには当該通知をすべきこととされているものを含む。）をいう。」とされている（行手二条七号）。届出は、申請と異なり行政庁に対し諾否の応答を求めるものではない（宇賀四三六頁）。法が届出制をとる目的は、行政機関において必要な情報を収集することにある（同一四五頁）。届出書の形式的要件を全て具備した届出が、法令により届出の提出先とされている機関の事務所に到達したときは、届出をすべき手続上の義務が履行されたことになる（行手三七条）。仮に形式的要件を欠く届出が行政機関の事務所に到達しても、届出としての効果は発生せず、結局のところ無届として取り扱われることになる（宇賀一四五頁）。

（注四） 農地法三条の三は、農地又は採草放牧地（以下「農地等」という。）について、同法三条一項本文に掲げる権利（例　所有権、賃借権等）を取得した者は、同項の許可を受けて権利を取得した場合、同項各号（一二号及び一六号を除く。）のいずれかに該当する場合その他農林水産省令で定める場合を除き、「遅滞なく、農林水産省令で定めるところにより、その農地又は採草放牧地の存する市町村の農業委員会にその旨を届け

権利取得の届出

出なければならない。」と規定する（権利取得の届出）。例えば、甲市内にある農地の所有者Aが死亡し、相続人B及びCが当該農地の権利（所有権）を共同相続し（民八八二条・八九六条）、その後に行われた遺産分割手続によって（民九〇六条・九〇九条）、農地が相続人Bの単独所有となった場合、Bは、甲市農業委員会に対し、省令で定める形式的要件を満たした届出書を提出しなければならない（農規二一条）。

過料

仮にBがその義務を怠り、又は虚偽の届出をした場合、Bは一〇万円以下の過料に処せられるおそれがある（農六九条。五－二－一(三)参照）。

（注五） 農林水産省令で定める期間については、「申請書の提出があった日の翌日から起算して四〇日（都道府県機構の意見を聴くときは、八〇日）」と定められている（農規三二条本文）。

四－一－三(二)

(二)　申請権の保障

許否の応答

ア　前記のとおり、行政庁は、申請がその事務所に到達したときに審査を開始しなければなりません。それに加えて、行政庁は、申請に対し許否の応答が義務付けられています。

申請権

これを申請者の側からみれば、行政庁に対し、申請について審査及び申請に対する応答を求める手続的な権利（申請権）が保障されていると考えることができます（中原一一三頁）。

形式上の要件

イ　ここで、一口に申請といっても、大きく二つに分けることが可能です。一つは、法令に定められた申請の形式上の要件に適合しない申請です。もう一つは、形式上の要件を満たした申請です。**(注)**

ウ　前者の場合、行政庁は、申請者に対し、補正を求めるか又は求められた許認可等を拒否することになります。行政庁が補正を求めたにもかかわらず、申請者がこれに応じないときは、依然として形式上の要件に不適合な申請が残ることになりますので、行政庁としては、拒否処分を行う以外にありません。行政庁が拒否処分を行うことで応答義務が果たされたことになります（逐条行手一四七頁）。

他方、後者の形式上の要件に適合する申請の場合、許可要件を満たした申請については許可処分が、また、満たしていない申請については不許可処分が行われます。

(注)　形式上の要件とは、条文に掲げられた「申請書の記載事項に不備がないこと」、「申請をすることができる期間内にされたものであること」などのように、申請が有効に成立するために法令において必要とされる要件のうち、当該申請書の記載、添付書類等から外形的・客観的に明確に判断できるものをいう（逐条行手一四六頁）。したがって、申請書に記載された内容が真正であるか否か、あるいは申請資格を有する者による申請であるか否かの点については、申請を審査してみないと判断ができない問題と考えられ、ここでいう形式上の要件には該当しないとされている（同頁）。

四－一－三㈢
標準処理期間

努力義務

不作為の違法確認訴訟
相当の期間

㈢　標準処理期間

ア　行政手続法は、標準処理期間についても定めています（行手六条）。

標準処理期間とは、申請が行政庁の事務所に到達してから、当該申請に対する処分をするまでに通常要すべき標準的な期間をいいます（同条）。

本条の趣旨は、行政運営の適正化の観点から、申請の処理の迅速化を図ったものとされています（逐条行手一三八頁）。ただし、この義務は努力義務にとどまります。

例えば、農地法三条一項許可処分については、標準処理期間が四週間と定められています（事務処理要領第一・三⑵）。したがって、申請者から、農業委員会に対し、農地法三条許可申請書が提出されたとき、農業委員会は、四週間以内に申請に対する審査を行った上で、許否についての判断を示すことができるよう努力しなければなりません。

イ　ここで、右の標準処理期間の定めと、行政事件訴訟法三条五項の定める不作為の違法確認訴訟における「相当の期間」の関係が問題となり得ます（宇賀四二八頁）。

これについては、例えば、申請人Aが、行政庁Bに対し、法令に基づく許可申請を行ったが、標準処理期間内に行政庁Bが何らの応答も行わない場合、そのことのみを根拠として、右に述べた相当の期間内に処分を行わなかったと主張することは難しいと解されます（逐条行手一四二頁）。なぜなら、標準処理期間は、申請の処理に要する期間の目安にすぎず、右期間内に、行政庁から、必ず何らかの応答を受けられることまで保障したものと解することはできないためです（同頁）。

ウ　行政庁が標準処理期間を定めたときは、「これらの当該申請の提出先とされている機関の事務所における備付けその他の適当な方法により公にしておかなければならない。」とされています（行手六条）。

ここで公にしておく方法としては、行政庁の事務所に、標準処理期間を定めた旨の文書を備え付ける方法のほか、行政庁の作成するホームページ上に掲載する方法、あるいは申請者の個別的な求めに応じて行政庁の窓口で提示するなどの方法が想定されます。

四―一―三(四)

理由の提示

(四)　理由の提示

ア　行政手続法八条一項本文は、「行政庁は、申請により求められた許認可等を拒否する処分をする場合は、申請者に対し、同時に、当該処分の理由を示さなければならない。」と定めます。

イ　理由の提示が求められる根拠については、行政手続法が制定される以前において、既に最高裁の判決がこれを明らかにしています。それによれば、行政庁に対し理由の提示義務を課すことにより、①行政庁が申請を処理するに当たり慎重になること、②拒否処分を受けた相手方（申請人）において何が争点となり得るかが分かるため、不服申立てや行政訴訟を行う際に便宜を与えるという点があげられています（大橋二二一

頁)。(注)

ウ　ただし、法令に定められた許認可等の要件又は公にされた審査基準が、数量的指標その他の客観的指標により明確に定められている場合であって、当該申請がこれらに適合しないことが、申請書の記載又は添付書類その他の申請の内容から明らかであるときは、申請者の求めがあったときにこれを示せば足りるとされています(行手八条一項ただし書)。

(注)　最判昭六〇・一・二二(民集三九・一・一)は、一般旅券発給拒否処分の違法性が争われた事件において、(旅券法一四条が一般旅券発給拒否通知書に拒否の理由を付記するものとしているのは)「拒否事由の有無についての外務大臣の判断の慎重と公正妥当を担保してその恣意を抑制するとともに、拒否の理由を申請者に知らせることによって、その不服申立てに便宜を与える趣旨に出たものというべきであり、このような理由付記制度の趣旨にかんがみれば、一般旅券発給拒否通知書に付記すべき理由としては、いかなる事実関係に基づきいかなる法規を適用して一般旅券の発給が拒否されたかを、申請者においてその記載自体から了知しうるものでなければならず、単に発給拒否の根拠規定を示すだけでは、それによって当該規定の適用の基礎となった事実関係をも当然知り得るような場合を別として、旅券法の要求する理由付記として十分でないといわなければならない。」と判示した。

四－一－四
四－一－四㈠
不利益処分
一般処分

四　不利益処分

㈠　不利益処分とは

ア　行政手続法の対象となる不利益処分とは、特定の者を名宛人として、直接に義務を課し、又はその権利を制限する処分をいいます（行手二条四号）。したがって、処分の対象者が特定できないもの（一般処分）は、ここでいう不利益処分には当たりません（二－一－一㈠参照）。

また、ここでいう「義務を課し」とは、処分を行ったことの直接の効果として、その相手方に一定の行為を行うこと（作為）又は行ってはならないこと（不作為）を義務付けることをいいます（逐条行手二八頁）。さらに、「権利を制限する」とは、相手方がこれまで保有してきた権利（又は利益）を制限し、又はその内容を相手方に不利益に変更する行為を指します（同頁）。

例えば、農地法三条許可の取消し又は撤回処分がここでいう不利益処分に当たります。一方、申請に対し行政庁がこれを拒否する処分（不許可処分）は、これには当たりません（行手二条四号ロ）。

イ　行政手続法は、不利益処分の基準については、「行政庁は、処分基準を定め、かつ、これを公にしておくよう努めなければならない。」と定めます（行手一二条一項）。

処分基準の設定・公開

つまり、処分基準の設定・公開は努力義務とされています。

処分基準の設定・公開が努力義務とされた理由として、第一に、事前に適切な処分基準を設定することが必ずしも容易ではないこと、第二に、仮に処分基準を公開してしまうと、弊害（例えば、脱法的行為の助長がこれに当たります。）が発生するおそれがあるため、これに配慮したものと考えられています（芝池二二七頁、宇賀四三九頁）。

また、行政手続法は、処分基準についても、「処分基準を定めるに当たっては、不利益処分の性質に照らしてできる限り具体的なものとしなければならない。」と定めています（行手一二条二項）。

四－一－四(二)

(二)　理由の提示

ア　行政庁が不利益処分を行う場合にも理由の提示が必要となりますが（行手一四条一項）、その趣旨は、申請に対し拒否処分を行う場合と同様と考えられます（行手八条）。すなわち、行政庁の判断を慎重なものとし、また、相手方国民の不服申立てなどに便宜を与えるという趣旨です（大橋二三〇頁）。

要件事実

イ　不利益処分の理由を提示する場合、少なくとも、①不利益処分の根拠条項（根拠条文）、②処分要件に該当する事実（要件事実）、③処分基準が定められている場合は、処分基準の適用関係（基準の当てはめ）を示すことが必要と解されます（逐条行手一九一

頁）。（注）

（注）最判平二三・六・七（民集六五・四・二〇八一）は、国土交通大臣から建築士法一〇条一項に基づいて一級建築士免許の取消処分を受けた者が、国を相手に免許取消処分の取消しを求めた事件を扱ったものであるが、行政手続法一四条一項本文の趣旨について、最高裁は、「不利益処分をする場合に同時にその理由を名宛人に示さなければならないとしているのは、名宛人に直接に義務を課し又はその権利を制限するという不利益処分の性質に鑑み、行政庁の判断の慎重と合理性を担保してその恣意を抑制するとともに、処分の理由を名宛人に知らせて不服の申立てに便宜を与える趣旨に出たものと解される。」とした上で、理由提示の程度については、「上記のような同項本文の趣旨に照らし、当該処分の根拠法令の規定内容、当該処分に係る処分基準の存否及び内容並びに公表の有無、当該処分の性質及び内容、当該処分の原因となる事実関係の内容等を総合考慮してこれを決定すべきである。」と続け、結論として、「これを本件について見ると、本件の事実関係等は前記二のとおりであり、本件免許取消処分は上告人X２の一級建築士としての資格を直接にはく奪する重大な不利益処分であるところ、その処分の理由として、上告人X２が、札幌市内の複数の土地を敷地とする建築物の設計者として、建築基準法令に定める構造基準に適合しない設計を行い、それにより耐震性等の不足する構造上危険な建物を現出させ、又は構造計算書に偽装が見られる不適切な設計を行ったという処分の原因となる事実と、建築士法一〇条一項二号及び三号という処分の根拠

法条とが示されているのみで、本件処分基準の適用関係が全く示されておらず、その複雑な基準の下では、上告人Ｘ２において、上記事実及び根拠法条の提示によって処分要件の該当性に係る理由は相応に知り得るとしても、いかなる理由に基づいてどのような処分基準の適用によって免許取消処分が選択されたのかを知ることはできないものといわざるを得ない。このような本件の事情の下においては、行政手続法一四条一項本文の趣旨に照らし、同項本文の要求する理由提示としては十分でないといわなければならず、本件免許取消処分は、同項本文の定める理由提示の要件を欠いた違法な処分であるというべきであって、取消しを免れないものというべきである。」と判示した。

四－一－五

五　審査基準設定・公開義務などに反した処分の効力

四－一－五㈠

㈠　行政手続法に違反した処分の効力

これまでに述べたとおり、行政手続法は、その五条で審査基準の設定・公開義務を、また八条で拒否処分理由の提示義務を、さらに一二条で処分基準の設定・公開の努力義務についてそれぞれ定めています。

行政庁がこれらの定めに反して処分を行った場合、原則として、当該処分は違法なものとなり、原則として、その取消を免れないと解されます（大橋二一九頁・二二二頁・二三二頁）。

四－一－五㈡　馬主登録の申請

㈡　近時の判例

以下、右の論点に関する近時の裁判例を掲げます。

ア　馬主登録を希望する者が、日本中央競馬会に対し馬主登録の申請をしたが、日本中央競馬会がこれを拒否する処分を行ったため、その取消しを求めた事件があります。

この事件について、東京地裁は、被告とされた日本中央競馬会は、競馬法及び同規則によって馬主登録に係る処分権限を付与されているため、行政手続法八条一項本文に定める行政庁に当たると判断しました。

そして、拒否処分の理由を提示するに当たっては、いかなる根拠に基づきいかなる法規を適用して拒否処分を行ったのかということが、申請者において了知し得るものでなければならないという判断を示しました。そして、本件においてはそれが満たされていないと結論付け、右拒否処分を違法なものとして取り消しました。**（注一）**

イ　中国国籍を有する者が、厚生大臣（現厚生労働大臣）に対し、医師法に基づく医師国家試験受験資格認定申請を行ったところ、厚生大臣から、「貴殿の医学に関する経歴等からみて」医師国家試験予備試験の受験資格が相当と認められるとの処分を受けたので、その取消しを求めた事件があります。

この事件について、東京高裁は、厚生大臣が審査基準を公にしていないこと、及び処分理由を提示していないことを指摘し、本件処分は、違法なものとして取消しを免れな

行政財産

目的外使用許可

いと判決しました（注二）。

ウ　会社Xが、行政財産（普通地方公共団体において公用又は公共用に供し、又は供することを決定した公有財産を指します。）の目的外使用許可を求める申請をY（一部事務組合）に対して行ったところ、Yがこれを不許可とした事件があります。この事件について、那覇地裁は、Yにおいて、審査基準の設定と公開を欠いたまま処分が行われたことを理由に、右不許可処分を取り消しました。また、Yが、行政財産の目的外使用の許可については、地方自治法二三八条の四第七項に、「行政財産は、その用途又は目的を妨げない限度においてその使用を許可することができる。」と定めてあり、それのみで判断することができるのであるから、別途、審査基準を設定する必要はないと主張したのに対し、同地裁判決は、できる限り具体的な基準を定めなければならないとして、その主張を退けました。（注三）

エ　パチンコ屋を営む者が、北海道函館方面公安委員会から、風営法二六条一項に基づく営業停止処分を受けたため、同処分は違法であると主張し、その取消しを求めた事件があります。

この事件について、最近になって最高裁は、行政庁が、行政手続法一二条一項の処分基準を定め、同基準の中で先行の処分を受けたことを理由として、後行の処分を重くする旨の不利益な取扱いを定めた規定がある場合、行政庁が後行の処分を行うに当たり、右処分基準の定めと異なる取扱いをすることは、特段の事情がない限り、裁量権の逸脱又は濫用に当たるという判断を示しました（一－二－五㈢参照）。これは、行政庁が処分基準を制定した上、それを公開した場合に、原則として、行政庁はこれに拘束されるという考え方の表れとみることができます（大橋二三七頁）。**（注四）**

（注一）　東京地判平一〇・二・二七（判時一六六〇・四四）は、「行政手続法は、行政運営における公正の確保と透明性（行政上の意思決定について、その内容及び過程が国民にとって明らかであることをいう。）の向上を図り、もって国民の権利利益の保護に資することを目的とする（同法一条一項）ところ、このような同法の目的に照らせば、同法八条一項本文、二項が行政庁に対して課している理由提示義務は、拒否事由の有無の判断についての行政庁の判断の慎重と公正妥当を担保してその恣意を抑制するとともに、拒否の理由を申請者に明らかにすることによって、透明性の向上を図り、併せてその不服申立てに便宜を与える趣旨に出たものというべきである。右のような理由提示義務の趣旨に鑑みれば、当該拒否処分が書面によりなされる場合に、当該書面により示されなければならない理由としては、いかなる根拠に基づきいかなる法規を適用して当該申請が拒否されたのかということを、申請者においてその記載自体から了知し得るものでなければならず、単に、当該拒否処分の根拠規定を示すだけでは、それによって当該規定の適用の基礎となった根拠をも当然知り得るような場合は格別、同条一項本文の理由提示として、不十分というべきである。そして、同項本文の規定する理由提示義務が、行政庁の拒否事由の有無の判断についての判断の慎重と公正妥当を担保してその恣意を抑制する趣旨を含むことに照らせば、申請者が当該拒否処分理由を推知できると否とにかかわらず、当該拒否処分がなされた時点において、右に述べた程度の理由が示されていなければ、理由提示義務違反として、当該拒否処分は違法なものとして、取消しを免れないものというべきである。」という解釈を示した上で、「これを本件についてみるに、本件拒否処分に当たって、被告が、申請者である原告に対して、本件通知書において示した処分理由は、別紙(二)記載のとおり、本件拒否処分の根拠とされた規程の条文（規程八条九号及び一二号）とその条文の文言のみであり、被告が主張する本件拒否処分の理由は、実質的に五年条項（規程八条九号）に該当し、あるいは公正条項（規程八条一二号）に該当するというものであるところ、本件登録申請時において原告は五年条項（規程八条九号）に形式上該当せず、公正条項（規程八条一二号）については、その要件自体が抽象的であり、具体的事実のうち、いかなる点が競馬の公正を害するかは、規程の条文の文言のみでは判明しないのであって、結局、右各規程の条文をもって、これらが適用される基礎となった根拠、事実関係を当然知り得るような場合には該当しないことは明らかというべきであり、本件拒否処分は、理由の提示を欠くものとして、違法であるというべきである。」と判示した。

（注二） 東京高判平一三・六・一四（判時一七五七・五一）は、「厚生大臣が本件却下処分を行うに当たって用いた本件認定基準は、その内容にかんがみれば、法一一条及び一二条に基づき同大臣が行うこととされている認定の許否を判断するための審査基準に当たるものということができるから、厚生大臣としては、行政上特別の支障があるときを除き、これを公にしておかなければならないこととなる（行政手続法五条一項、三項）。そして、前記認定の事実によれば、厚生大臣が本件認定申請の提出先とされている機関の事務所における備付けその他の適当な方法により、本件認定基準を公にしていたということができないことは明らかである。そして、本件において、本件認定基準を公にすることに行政上特別の支障があるとの事情は主張も立証もされていないから、結局、厚生大臣の本件却下処分は、行政手続法五条三項に違反する状況でされたことは明らかである。」、「行政手続法が、三六条で一定の条件に該当する複数の者に対する行政指導について共通の内容となる事実を『公表』すべき旨を規定しているのに対し、五条三項においては審査基準を『公に』すべき旨を規定していることに照らすと、同条項は行政庁に対し審査基準を対外的に積極的に周知公表することまで義務付けているものではないと解することができ、また、それを公にする具体的方法については、同条項が『提出先とされている機関の事務所における備付けその他の適当な方法』によるべき旨を規定していることからすると、基本的に行政庁の判断にゆだねていると解することができる。しかしながら、行政手続法五条三項は、その規定の文言から明らかなように、審査基準自体を公にすべきことを定めたものであるところ、本件認定申請の際に控訴人に交付された本件一覧は、医師国家試験受験資格の認定申請に当たって申請者が提出すべき書類を列挙したにとどまるものであって、これを交付したことをもって審査基準である本件認定基準を公にしたということはできないし、本件認定申請の際に、担当官が控訴人に対して本件認定基準の説明をしたとの事情を認めるに足りる証拠はないから、結局、厚生大臣が本件認定基準を公にしていたということはできず、本件却下処分をするに当たり行政手続法五条三項に違反したというほかはない。」、「一般に、法規が行政処分に理由を付すべきものとしている場合において、その趣旨とするところは、行政庁の判断の慎重・合理性を担保してその恣意を抑制するとともに、処分の理由を相手方に知らせて不服の申立てに便宜を与えることにあるものと解されるが（最高裁判所昭和三八年五月三一日第二小法廷判決民集一七巻四号六一七頁参照）、申請により求められた許認可等を拒否する処分をする場合に、申請者に対し当該処分の理由を示すべき旨を規定する行政手続法八条一項も、これと同一の趣旨に出たものと解するのが相当である。このような理由提示制度の趣旨にかんがみれば、許認可等の申請を拒否する処分に付すべき理由としては、いかなる事実関係についていかなる法規を適用して当該処分を行ったかを、申請者においてその記載自体から了知しうるものでなければならないというべきである。そして、当該処分が行政手続法五条の審査基準を適用した結果であって、その審査基準を公にすることに特別の行政上の支障がない場合には、当該処分に付すべき理由は、いかなる事実関係についていかなる審査基準を適用して当該処分を行ったかを、申請者においてその記載自体から了知しうる程度に記載することを要すると解される。これを本件についてみると、本件却下処分の理由としては、『貴殿の医学に関する経歴等からみて』との理由が示されているにとどまるのであって、この理由からは、控訴人の経歴等のうちのどの点が審査基準のどの項目を満たさないために本件却下処分がされたものであるかを知ることは、控訴人にとって不可能であるというほかない。そうであるとすれば、本件却下処分は、行政手続法八条一項において処分と同時に申請者に示すべきものとされている理由の提示を欠いたまま行されたものであって、行政手続法八条一項に違反することは明らかである。」と判示した。

（注三） 那覇地判平二〇・三・一一（判時二〇五六・五六）は、「行政手続法五条の各規定は、行政庁に対し、できる限り具体的な審査基準の設定とその公表を義務づけ、行政庁に上記審査基準に従った判断を行わせることにより、行政庁の判断の慎重・合理性を担保してその恣意を抑制するとともに、申請者の予測可能性を保障し、また不服の申立てに便宜を与えることにより、不公正な取扱いがされることを防止する趣旨のものであると解されるから、行政庁が判断の前提となる審査基準の設定とその公表を懈怠して、許認可等をすることは許されないと解するのが相当である。とりわけ、行政財産は、『普通地方公共団体において公用又は公共用に供し、又は供することを決定した財産』（地方自治法二三八条四項）であって、その例外となる目的外使用の許可等については、特定の者に不当な利益を与えたり、又は特定の者が不当な不利益を受けたりすることがないようにするため、行政庁の恣意を排し、不公正な取扱いがされることを防止する必要が高く、審査基準の設定とその公表の必要性は高いというべきである。しかるに、上記のとおり、被告は本件処分当時、行政財産（港湾施設）の使用許可等について審査基準を設定しておらず、このため、これを公表することもなかったものであるから、本件処分は行政手続法五条に反するものであり、その取消しを免れないというべきである。」、「被告は、行政財産の目的外使用の許可等については、地方自治法二三八条の四第七項の定めだけで判断することができ、別に審査基準を設定する必要はない旨主張する。しかしながら、上記のとおり、行政手続法五条にいう審査基準とは、『申請により求められた許認可等をするかどうかをその法令の定めに従って判断するために必要とされる基準』であって、しかも、当該審査基準は、『当該許認可等の性質に照らしてできる限り具体的なものとしなければならない』（行政手続法五条二項）ものである。そして、地方自治法二三八条の四第七項は、行政財産の目的外使用について、『行政財産は、その用途又は目的を妨げない限度においてその使用を許可することができる。』との抽象的な定めをしているにすぎないのであって、本件管理条例も、『港湾施設は、その用途又は目的を妨げない限度において使用させることができる。』としているにすぎない。したがって、行政庁である管理者は、いかなる審査基準により、港湾施設の使用許可等を決定しているのかを、行政財産の目的外使用の許可等の性質に照らして、できる限り具体的な基準を定めなければならないというべきである。もとより、行政庁が行政財産の目的外使用の許可又は不許可を決定するに当たっては、様々な要素を考慮する必要のある場合も当然想定されるのであって、その性質上、行政庁の裁量を相当程度認める抽象的な基準を設定することにならざるを得ないと考えられるが、このことは、審査基準の設定とその公表を懈怠することを何ら正当化するものではない。」と判示した。

（注四） 最判平二七・三・三（民集六九・二・一四三）は、「法一二条一項に基づいて定められ公にされている処分基準は、単に行政庁の行政運営上の便宜のためにとどまらず、不利益処分に係る判断過程の公正と透明性を確保し、その相手方の権利利益の保護に資するために定められ公にされるものというべきである。したがって、行政庁が同項の規定により定めて公にしている処分基準において、先行の処分を受けたことを理由として後行の処分に係る量定を加重する旨の不利益な取扱いの定めがある場合に、当該行政庁が後行の処分につき当該処分基準の定めと異なる取扱いをするならば、裁量権の行使における公正かつ平等な取扱いの要請や基準の内容に係る相手方の信頼の保護等の観点から、当該処分基準の定めと異なる取扱いをすることを相当と認めるべき特段の事情がない限り、そのような取扱いは裁量権の範囲の逸脱又はその濫用に当たることとなるものと解され、この意味において、当該処分庁の後行の処分における裁量権は当該処分基準に従って行使されるべきことがき束されており、先行の処分を受けた者が後行の処分の対象となるときは、上記特段の事情がない限り当該処分基準の定めにより所定の量定の加重がされることになるものということができる。」と判示した。

四－一－六

六　意見陳述のための手続

四－一－六㈠

㈠　意見陳述

意見陳述のための手続

ア　行政手続法一三条一項は、「行政庁は、不利益処分をしようとする場合には、次の各号の区分に従い、この章の定めるところにより、当該不利益処分の名あて人となるべき者について、当該各号に定める意見陳述のための手続を執らなければならない。」と定めます。

聴聞

弁明の機会の付与

意見陳述のための手続としては、「聴聞」と「弁明」の機会の付与の二つがあります。聴聞を行う必要がある場合とは、同法一三条一項一号イから二までのいずれかに該当する場合です（このいずれかに該当しない場合は、弁明の機会の付与で済みます。行手一三条一項二号）。

不利益処分

イ　そして、同項一号イによれば、「許認可等を取り消す不利益処分をしようとするとき」は、聴聞を行うものとしています。ここでいう不利益処分には、取消処分のほかに撤回処分も含まれると解されます（行手二条四号参照）。これに対し、申請により求められた許認可等を拒否する処分は、不利益処分には含まれません（四－一－四㈠参照）。

ウ　これを受けて、行政手続法一五条は、行政庁が聴聞を行うに当たり、聴聞を行う期日までに相当な期間をおいて、一定の事実について、不利益処分の名宛人となるべき者に対する通知を次に掲げるとおり義務付けています（行手一五条一項）。

① 予定される不利益処分の内容及び根拠となる法令の条項（一号）

② 不利益処分の原因となる事実（二号）

③ 聴聞の期日及び場所（三号）

④ 聴聞に関する事務を所掌する組織の名称及び所在地（四号）

代理人

エ 行政手続法一六条は、聴聞の通知を受けた者は、代理人を選任することができるとしています。代理人は、各自、当事者のために、聴聞に関する一切の行為をすることができます（行手一六条二項）。なお、代理人の資格は、書面で証明しなければなりません（同条三項）。

四－一－六㈡

㈡　聴聞主宰者

聴聞主宰者

ア 聴聞は、行政庁（処分庁）が指名する職員その他政令で定める者が主宰します（これを聴聞主宰者といいます。行手一九条一項）。なお、行政庁が自分自身を主宰者に指名することは排除されないと解されますから、行政庁が主宰者となることがあり得ます（宇賀手続一四七頁）。**（注）**

主宰者は、最初の聴聞の期日の冒頭において、行政庁の職員に、予定される不利益処分の内容及び根拠となる法令の条項並びにその原因となる事実を、聴聞の期日に出頭し

冒頭説明

た者に対して説明させなければなりません。これを冒頭説明といいます（行手二〇条一項）。

当事者
意見陳述権
証拠書類等提出権
質問権

イ　これに対し、聴聞の通知を受けた者（当事者）または参加人は、聴聞の期日に出頭して、意見を述べ（意見陳述権）、及び証拠書類等を提出し（証拠書類等提出権）、並びに主宰者の許可を得て行政庁の職員に対し質問を発することができます（質問権。以上行手二〇条二項）。

文書等閲覧権

また、当事者等は、聴聞の通知があった時から、聴聞が終結する時までの間、行政庁に対し、当該事案について行った調査の結果にかかる調書その他の当該不利益処分の原因となる事実を証明する資料の閲覧を求めることができます（文書等閲覧権。同一八条一項）。

陳述書

さらに、当事者等は、聴聞期日への出頭に代えて、主宰者に対し、聴聞の期日までに陳述書及び証拠書類等を提出することもできます（同二一条一項）。

（注）　主宰者は、行政庁が行おうとする不利益処分について、行政庁の判断に誤りがないか否かを評価するという役割を担うが、行政庁の指名を受けて初めてその地位に就くことができる。また、行政庁の実務を担当する補助機関である職員も主宰者となり得る。これは、聴聞にかかる処分について、専門的知識・経験を有する者の方が、むしろ迅速に事務を処理することができると考えられたためである（逐条行手二一〇頁）。

四－一－六(三)

聴聞調書

報告書

(三) 聴聞調書・報告書

聴聞の主宰者は、聴聞の審理の経過を記載した調書（聴聞調書）を作成し、当該調書において、不利益処分の原因となる事実に対する当事者及び参加人の陳述の要旨を明らかにしておかなければなりません（行手二四条一項）。

また、主宰者は、聴聞の終結後、速やかに不利益処分の原因となる事実に対する当事者等の主張に理由があるかどうかについての意見を記載した報告書を作成し、聴聞調書とともに行政庁に提出しなければなりません（同条三項）。

そして、行政庁は、不利益処分の決定をするときは、聴聞調書の内容及び報告書に記載された主宰者の意見を十分に参酌してこれをしなければならないとされています（同二六条）。

第二節　行政指導

一　行政指導の定義

四－二－一

行政指導

ア　行政手続法二条六号は、行政指導について定義を置いています。それによれば、行政指導とは、「行政機関がその任務又は所掌事務の範囲内において一定の行政目的を実現するため特定の者に一定の作為又は不作為を求める指導、勧告、助言その他の行為であって処分に該当しないものをいう。」とされています。このように、行政指導は、特定の者を対象とした事実行為であって、その者に対する強制力はありません。

㈠　行政指導の根拠規範の要否

四－二－一㈠

指導要綱

イ　行政指導を行うための根拠規範については、これを要しないとするのが判例の立場であると解されています（宇賀三九八頁）。最高裁の平成五年二月一八日判決（民集四七・二・五七四）は、東京都武蔵野市が、市内でマンションを建築しようとした業者に対し、市の指導要綱に基づいて教育施設負担金の寄付を求めた行為は、国家賠償法一条の違法な公権力の行使に当たると判断しました（二－二－二㈠参照）。

ここで問題となった指導要綱の法的性質については、一般的に、行政機関が、相手方

行政手続条例

に対して行政指導を行う際に守るべき基準ないし原則を定めたものであり、相手方に対する法的拘束力はないと解されています（判解平成五年度（上）二四四頁）。

このような法的拘束力のない指導要綱について、右判決は、「指導要綱制定に至る背景、制定の手続、被上告人〔筆者注・武蔵野市〕が当面していた問題等を考慮すると、行政指導として教育施設の充実に充てるために事業主に対して寄付金の納付を求めること自体は、強制にわたるなど事業主の任意性を損うことがない限り、違法ということはできない。」と判示し（判時一五〇六・一〇六）、法的根拠を欠く指導要綱に基づく行政指導についても、一定の範囲で適法なものとしています。

ウ　都道府県や市町村のような地方公共団体が行う行政指導については、行政手続法は適用されませんが（行手三条三項）、しかし、前記のとおり、地方公共団体は、行政運営における公正の確保と透明性の向上を図るため、必要な措置を講ずるよう努めなければならない義務を負っています（行手四六条）。

その結果、各地方公共団体において制定した行政手続条例が、地方公共団体の行う行政指導について適用されることになります。その場合、行政手続法について議論され、また、これまでに明確化された法解釈は、行政手続条例の解釈に当たっても、原則として通用すると考えられます（四－一－一(二)参照）。

四－二－一(二)

(二)　農地法関係事務の場合

ア　ある行為が、行政指導に当たるためには、既に述べたとおり、「任務又は所掌事務の範囲内において」、「一定の行政目的を実現するため」、「特定の者」に対し、「一定の作為又は不作為を求める」行為でなければなりません（行手二条六号）。

例えば、農地転用許可制度一般について、住民Aが、B市農業委員会の受付を訪れ、その概要について担当者Cから説明を受けるようなものは、行政指導には該当しないと考えられます（逐条行手四〇頁）。なぜなら、担当者Cの行為は、住民Aに対し、一定の作為又は不作為を求める行為には当たらないと考えられるためです。

イ　一方、住民Dが、市街化区域内にある自己所有農地を転用する目的をもってB市農業委員会の受付を訪れ、農地転用届出書を提出したところ、担当者Cがその内容について形式的不備があるとして、Dに対して補正を求めた場合、Cによる行政指導が行われたと考えることができます（四－一－二(二)参照）。なぜなら、形式的要件を欠く転用届出は不適法なものであって、農業委員会としてはこれを審査することができないため、これを適法なものとして審査できるようにするため、Dに対して一定の作為（補正）を求める行為があったと考えられるためです。

ウ　次に例えば、E市内において無許可で農地を転用しているFに対し、違反転用に対する処分権限を有するG県知事の補助機関である担当者Hが、速やかに違反転用行為を中止し、違反転用された土地を元通り農地に原状回復するよう求める行為は、行政指導に当たると解されます（農五一条）。

エ　一方、市の区域内にFによって違反転用された土地が存在するE市農業委員会の職員は、右G県の担当者Hと同様の行政指導を、Fに対して行うことはできないと解されます。

なぜなら、行政指導は、「その任務または所掌事務の範囲内において」行うべきものとされているためです。今回のE市農業委員会が、条例によって、農地法五一条に定める事務（及び権限）の移譲を受けているような場合は別として（自治二五二条の一七の二）、Fに対して行政指導を行うことは、同農業委員会の所掌事務に直ちに含まれるとは考え難く（農委六条）、結局、「任務又は所掌事務の範囲内」で行われる必要がある行政指導を行うことはできないと解します。この場合、E市農業委員会としては、G県知事に対し、農地法五一条一項の規定による命令その他必要な措置を講ずべきことを要請することになるのではないかと考えます（農五二条の四）。

二　行政指導の基本　四－二－二

㈠　行政指導の一般原則　四－二－二㈠

ア　行政手続法三二条一項は、「行政指導にあっては、行政指導に携わる者は、いやしくも当該行政機関の任務又は所掌事務の範囲を逸脱してはならないこと及び行政指導の内容があくまでも相手方の任意の協力によってのみ実現されるものであることに留意しなければならない。」と定めます。

イ　右の条文のいう「相手方の任意の協力によってのみ実現される」とは、行政処分のように法的拘束力のある手段によって、行政機関の求める内容を実現しようとするものではなく、相手方の同意を得て行政目的を実現することを表しています（逐条行手二四四頁）。

不利益取扱いの禁止

ウ　また、行政手続法三二条二項は、いわゆる不利益取扱いの禁止を定めています。すなわち、相手方が行政指導に従わなかったとしても、そのことを理由に、相手方に対して不利益な取扱いをしてはならないと定めています。

ここでいう不利益な取扱いとは、行政指導を受けたがこれに従わなかった者が、指導を受ける以前には得られていた利益を損なうような行為、又は以前は被ったことのない不利益をことさら与えるような行為を指し、いずれも制裁的な意図をもって行われるものを指します（逐条行手二四五頁）。

四－二－二㈡

㈡　農地法三条の二第二項の定める勧告の性質

ア　農地法三条の二第二項は、同条一項の規定による勧告を受けた者がその勧告に従わなかったときに、同法三条三項の規定によりした同条一項の許可を取り消さなければならないと定めています。

勧告

イ　勧告とは、本来、強制力を伴わない任意的な手段であると考えられています。ところが、農業委員会が、相手方に対し、右の勧告を行った場合、本来の意味の勧告であれば、相手方がそれに従うかどうかは相手方の自由に委ねられているはずのところ、ここで定められている勧告の場合は、勧告に従わなかったことが原因となって、相手方が既に受けていた農地法三条許可が取り消される（正確には、撤回されるという意味です。）ことになります（二－三－三㈠参照）。

そうしますと、農地法三条の二第一項の定める「勧告」は、本来の任意的な手段としての勧告とは法的性格を異にするものと解する以外にありません。すなわち、農業委員会において取消処分を行うために必要とされる事前の行為に当たると考えられます。結論として、右勧告は、行政事件訴訟法三条二項にいう「行政庁の処分その他公権力の行使に当たる行為」に該当すると解します。**(注)**

病院開設中止勧告事件判決

(注)　最判平一七・七・一五（民集五九・六・一六六一）は、病院開設の許可申請をしたXに対し、富山県知事が、医療法三〇条の七の規定に基づいて病院の開設を中止するよう勧告したのに対し、Xが同勧告は違法であると主張してその取消しを裁判所に求めた事件を扱ったものである（病院開設中止勧告事件判決）。最高裁は、同勧告は抗告訴

訟（取消訴訟）の対象となると判断し、原判決（名古屋高裁金沢支部判決）を破棄し、裁判を富山地裁に差し戻した。すなわち、最高裁は、「上記の医療法及び健康保険法の規定の内容やその運用の実情に照らすと、医療法三〇条の七の規定に基づく病院開設中止の勧告は、医療法上は当該勧告を受けた者が任意にこれに従うことを期待してされる行政指導として定められているけれども、当該勧告を受けた者に対し、これに従わない場合には、相当程度の確実さをもって、病院を開設しても保険医療機関の指定を受けることができなくなるという結果をもたらすものということができる。そして、いわゆる国民皆保険制度が採用されている我が国においては、健康保険、国民健康保険等を利用しないで病院を受診する者はほとんどなく、保険医療機関の指定を受けずに診療行為を行う病院がほとんど存在しないことは公知の事実であるから、保険医療機関の指定を受けることができない場合には、実際上病院の開設自体を断念せざるを得ないことになる。このような医療法三〇条の七の規定に基づく病院開設中止の勧告の保険医療機関の指定に及ぼす効果および病院経営における保険医療機関の指定の持つ意義を併せ考えると、この勧告は、行政事件訴訟法三条二項にいう『行政庁の処分その他公権力の行使に当たる行為』に当たると解するのが相当である。後に保険医療機関の指定拒否処分の効力を抗告訴訟によって争うことができるとしても、そのことは上記の結論を左右するものではない。」と判示した（判時一九〇五・四九）。

四－二－三

三　行政指導の在り方

四－二－三(一)

(一)　申請に関連する行政指導

ア　行政手続法三三条は、「申請の取下げ又は内容の変更を求める行政指導にあっては、行政指導に携わる者は、申請者が当該行政指導に従う意思がない旨を表明したにもかかわらず当該行政指導を継続すること等により当該申請者の権利の行使を妨げるようなことをしてはならない。」と定めます。

これは、従来から、行政指導は申請との関連で行われることが多かったとの認識の下、申請者の有する申請権を害さないよう留意を求めるとの趣旨で規定されたものと解されます（宇賀手続一六三頁）。

イ　ここで規律の対象とされる「申請の取下げ又は内容の変更を求める行政指導」とは、所定の形式的要件を備えた申請に対する行政指導を指すのであり、形式的要件を欠いた申請に対しその補正を求めるようなものは、これには含まれないと解する立場があります（逐条行手二四七頁）。

他方、既に述べたとおり、行政手続法七条は、申請に対する審査及び応答義務を定めています（四－一－三(一)参照）。したがって、形式上の要件を備えない申請に対しては、行政指導としての補正を求めることができますが、相手方がこれに任意に応じようとしない場合であっても、相手方に対し、申請の取下げなどを強制することはできません。そこでこの場合は、拒否処分をすることによって、少なくとも応答義務を果たす以外ないと解されます。

ウ　本条のいう「行政指導に従う意思がない旨を表明した」という文言については、やや注意が必要です。行政指導という手法は、本来、申請者の当初の意図、方針、計画などに相容れない方向で行われることが通常と考えられますから、行政機関の行う行政指導に対し、相手方が何らかの抵抗を示すことは、むしろ自然の状態ともいえます。

品川マンション事件判決

真摯かつ明確に表明

エ　最高裁の昭和六〇年七月一六日判決（民集三九・五・九八九。品川マンション事件判決）も、行政指導を受けている相手方（申請者）がこれに従っている間は、建築確認を留保しても直ちに違法になるとはいえないが、行政指導に従わないという意思を「真摯かつ明確に表明」した場合には、特段の事情がない限り、建築確認を留保することは違法となるという考え方を示しています（宇賀手続一六四頁）。**(注)**

ただし、右最高裁の判決は、相手方が行政指導に従わないという意思を真摯かつ明確に表明した以降に行われた行政指導は常に違法なものとされる、という考え方はとっていないと考えられます。

建築主が受ける不利益と、行政指導の目的とされる公益を比較衡量して、「建築主の不協力が社会通念上正義の観念に反するものといえるような特段の事情が存在」すれば、行政指導が行われていることを理由に、確認処分を留保することも許容され得るという立場をとっていると解することができます（宇賀手続一六七頁）。

（注） 右判決は、次のとおり判示した。「右のような確認処分の留保は、建築主の任意の協力・服従のもとに行政指導が行われていることに基づく事実上の措置にとどまる」から、「建築主において自己の申請に対する確認処分を留保されたままでの行政指導には応じられないとの意思を明確に表明している場合には、かかる建築主の明示の意思に反してその受忍を強いることは許され」ない。そして、「当該建築主が受ける不利益と右行政指導の目的とする公益上の必要性とを比較衡量して、右行政指導に対する建築主の不協力が社会通念上正義の観念に反するものといえるような特段の事情が存在しない限り、行政指導が行われているとの理由だけで確認処分を留保することは、違法である」と。

四－二－三(二)

(二)　許認可等の権限に関する行政指導

ア　行政手続法三四条は、「許認可等をする権限又は許認可等に基づく処分をする権限を有する行政機関が、当該権限を行使することができない場合又は行使する意思がない場合においてする行政指導にあっては、行政指導に携わる者は、当該権限を行使し得る旨を殊更に示すことにより相手方に当該行政指導に従うことを余儀なくさせるようなことをしてはならない。」と定めます。

イ　本条の趣旨について、許認可等の処分権限行使の対象となる者を相手方とした行政指導に携わる者は、「その相手方の判断の任意性を損わないよう特に慎重に行うべきことを規定したものである。」との解釈が一般的です（逐条行手二四九頁）。

ウ　例えば、Aによる違反転用行為が発生したとします。ここで、違反転用に対する処分権限を有するB県知事において、農地法五一条一項の定める原状回復等の措置をとる意思が全くないにもかかわらず、Aに対し行政指導を行い、その際に、仮に指導に従わないときは原状回復命令を発する旨の示唆をすることは、行政手続法三四条に違反し、違法とされるおそれがあります（逐条行手二五〇頁、宇賀手続一六七頁）。

㈢　行政指導に関するその他の規定

行政手続法は、三五条で行政指導の方式について、三六条で複数の者を対象とする行政指導について、三六条の二で行政指導の中止等の求めについて、それぞれ定めています（本書では説明を省略します。）。

第五章　行政上の強制執行その他

第一節　行政上の強制執行

五－一－一

一　民事的（司法的）執行と行政的執行

五－一－一－一㈠

㈠　民事的（司法的）執行と行政的執行による義務の実現

ア　行政主体（国、都道府県、市町村等）が、相手方私人に対し、何らかの法的な権利を有する場合、相手方私人としては、その権利に対応した法的義務を履行しなければならない立場に置かれます。

右の場合、相手方私人が負う義務は、大きく二つのものに分けることが可能です（大橋三〇〇頁）。

相手方私人の負う義務
- 民事上の義務
- 行政上の義務

民事上（私法上）の義務

イ　一つは、民事上（私法上）の義務です。私人が義務を履行しない場合、行政は、

民事訴訟
民事的執行

私人を被告として、裁判所に対し訴えを提起し（民事訴訟）、勝訴の確定判決を得た後、次にそれを債務名義として、民事執行法の定める手続に従って権利を実現することができます（民事的執行）。民事上の義務としては、例えば、公営住宅の使用料、上水道料金、公立小学校の給食費、公立病院の医療費などの支払義務がこれに当たります。

また、例えば、市の所有する土地を、私人が無権原で不法占有しているような場合、市としては、土地所有権に基づいてその返還を求める民事訴訟を提起し、後日、勝訴判決が確定したら、やはり民事執行法の規定に従って右土地の明渡しを実現することができます。

このように、行政として、民事上の義務を相手方私人に履行させるためには、司法機関である裁判所の力を借りる必要があります。

行政上の義務
行政的執行

ウ　一方、相手方私人が、行政上の義務を履行しないときは、行政としては、自力で強制執行を行うことができます（行政的執行）。

ここで、一口に行政上の義務といっても、さらに、金銭支払義務の場合と非金銭支払義務の場合に分けることができます。

公法上の金銭支払義務
自力執行権（強制徴収権）
滞納処分手続

エ　まず、税金や国民健康保険料などのような公法上の金銭支払義務の場合、行政には、自力執行権（強制徴収権）が認められています。すなわち、国税については、国税通則法及び国税徴収法の定める滞納処分手続によって権利を実現することができます。

そして、右の手続は、種々の法律によって、国の有する金銭債権の強制徴収手続として準用されています（藤田二七一頁）。また、国税以外の地方税（例　都道府県民税、不動産取得税など）や地方公共団体の有する公法上の金銭債権（例　下水道料金、国民健康保険料など）についても、滞納処分の例によるとされています。

- 行政上の義務
  - 金銭支払義務 → 強制徴収（滞納処分）
  - 金銭支払義務以外のもの
    - 代執行
    - 直接強制
    - 執行罰

五－一－一㈡
強制徴収

㈡　金銭支払義務以外の行政上の義務の実現

ア　右に述べたとおり、公法上の金銭支払義務については、行政は、滞納処分の手続によって、強制的に権利を実現することができます（強制徴収）。**（注一）**
では、金銭支払義務以外の行政上の義務についてはどうでしょうか。

現在、我が国においては、行政上の義務の強制執行の手段として、代執行、執行罰及び直接強制の三つのものが認められています（塩野二五〇頁）。

代執行

イ　そこで、これら三つのものについて、最初に概説します。

第一に、代執行とは、義務者が自分に課せられた義務を履行しないときに、行政庁が代わって当該行為を行い（又は第三者をしてこれを行わせ）、これに要した費用を義務者から徴収する制度です（藤田二七〇頁）。

直接強制

ウ　第二に、直接強制とは、義務者の身体又は財産に対して直接実力を加え、もって義務の実現を図るものです（大橋三一一頁）。しかし、直接強制を一般的に認める法律は存在せず、いわゆる成田新法三条六項（建物封鎖等の強制措置）などが散見されるのみです。また、直接強制の根拠を条例によって創設することはできないと解されます（塩野二六一頁）。**（注二）**

執行罰

非代替的作為義務

不作為義務

エ　第三に、執行罰とは、義務者が一定の期間内に非代替的作為義務又は不作為義務を履行しない場合に、過料を課すことを予告し、その予告によって義務者に対して心理的圧迫を加え、間接的に履行を強制するものをいいます（藤田二七四頁）。執行罰は、罰という言葉が用いられていますが、過去の行為に対する制裁としての行政罰の性格を有しません（塩野二六二頁）。将来に向けて義務の実現を図るものです（同二七二頁）。現行法においては、僅かに明治三〇年制定の砂防法に、整理もれのような形で残っているのみです。

（注一）　最高裁は、農業共済組合連合会が、会員である下妻市農業共済組合に対して有する債権を保全するため、下妻市農業共済組合に代位して、同組合が組合員（Y）に対して有する共済掛金、賦課金等の支払いを求めて組合員Yを被告として出訴した事件においては、民事執行の手続を利用して金銭債権の実現を図ることは許されないとする立場を明らかにした（最判昭四一・二・二三民集二〇・二・三二〇）。すなわち、「農業共済組合が組合員に対して有するこれら債権について、法が一般私法上の債権にみられない特別の取扱いを認めているのは、農業災害に関する共済事業の公共性に鑑み、その事業遂行上必要な財源を確保するためには、農業共済組合が強制加入制のもとにこれに加入する多数の組合員から収納するこれらの金円につき、租税に準ずる簡易迅速な行政上の強制徴収の手段によらしめることが、もっとも適切かつ妥当であるとしたからにほかならない。〔中略〕農業共済組合が、法律上特にかような独自の強制徴収の手段を与えられながら、この手段によることなく、一般私法上の債権と同様、訴えを提起し、民訴法上の強制執行の手段によってこれら債権の実現を図ることは、前示立法の趣旨に反し、公共性の強い農業共済組合の権能行使の適正を欠くものとして、許されないところといわなければならない。〔中略〕本件は、農業共済組合連合会が、その会員たる農業共済組合に代位して、農業共済組合の組合員に対し、右各債権を訴求したものであるが、元来、農業共済組合自体が有しない権能を農業共済組合連合会が代位行使することは許されないと解すべきである。」と判示した。

即時強制

（注二） 直接強制と類似したものに即時強制（即時執行）がある。即時強制とは、相手方に対し、あらかじめ義務を命じている時間がなかったり、あるいは義務を命じていたのでは目的を達成できない場合に、行政機関がいきなり相手方に対し実力行使に及ぶものである（藤田二七四頁、大橋三一二頁）。実例として、警察官職務執行法三条（保護）、四条（避難等の措置）、五条（犯罪の予防及び制止）、屋外広告物法七条（違法広告物等の除去）、消防法二九条（いわゆる破壊消防）などがある。直接強制と即時強制の差異は、それに先立つ義務賦課行為の有無にある（大橋三一二頁）。なお、即時強制は、行政上の強制執行ではないため、条例によってこれを定めることも可能と解されている（塩野二八〇頁、中原二二七頁）。

五－一－二

二　行政代執行

五－一－二㈠

㈠　行政代執行法一条

代執行

ア　行政代執行法一条は、「行政上の義務の履行確保に関しては、別に法律で定めるものを除いては、この法律の定めるところによる。」と規定します。

そもそも行政上の義務を課せられた者が、その義務を履行しない場合に、行政がそれを相手方に履行させるためには、必ず法的根拠が必要となります。この点について、行政代執行法は、二条以下の条文において、もっぱら代執行に限定した規定を置いていま す。仮に代執行以外の行政上の義務履行の確保手段を置こうとする場合、同条の示すと

法律

おり、「別に法律で定めるもの」に限定されることになります（北村ほか二一六頁）。

イ　そして、「別に法律で定めるもの」にいう「法律」とは、文字通りの法律を指し、地方公共団体が制定する条例は、これには含まれないと解する立場が一般的です（塩野二五三頁、大橋三〇五頁、宇賀二二五頁）。その形式的な理由として、行政代執行法二条では、法律という文言の後に、かっこ内で「条例を含む。」と明記されているのに対し、一条には、そのような表記がなく、それゆえ、同条においては狭い意味の法律に限定される、と解釈されています。

ウ　右の解釈から、行政上の義務履行確保の手段が、仮に個別の法律によって特に創設されなかった場合、行政代執行法による手段のみが残されることになると解されます（ただし、既に述べたとおり、強制徴収、直接強制及び執行罰の各制度が法律で定められています。しかし、これらのうち、後の二者は、法律で定められているといっても、一般的制度として広く認められているものではなく、限られた場面で存在しているにすぎません。）。

五－一－二㈡

㈡　行政代執行法二条

ア　行政代執行法二条は、「法律（法律の委任に基づく命令、規則及び条例を含む。以下同じ。）により直接に命ぜられ、又は法律に基き行政庁により命ぜられた行為（他人が代ってなすことのできる行為に限る。）について義務者がこれを履行しない場合、

法律の留保の原則
侵害留保説

条例
委任条例
自主条例

他の手段によってその履行を確保することが困難であり、且つその不履行を放置することが著しく公益に反すると認められるときは、当該行政庁は、自ら義務者のなすべき行為をなし、又は第三者をしてこれをなさしめ、その費用を義務者から徴収することができる。」と定めます。このように、本条は、代執行に関する規定となっています。

イ　前記した法律の留保の原則によれば、少なくとも、国民に対して不利益を及ぼす行政活動については法律の根拠を要すると解されます（侵害留保説。一－二－一参照）。そして、行政上の義務の履行確保についていえば、義務を賦課する行為に法律の根拠を要するだけでは足らず、その義務を強制的に実現する行為（手段）についても同じく法律の根拠を要すると解されます（塩野二五二頁、大橋三〇四頁）。

ウ　ところで、行政代執行法二条には「条例を含む」と書かれていることから、条例によって賦課された義務を行政庁が代執行することも可能と解されます。

この場合、ここでいう条例とは、個別の法律の委任に基づく、いわゆる委任条例に限定されるのか、あるいは地方自治法一四条一項に基づく、いわゆる自主条例も含まれるのか、という問題があります。文理解釈上は、委任条例のみを指すと解することになりますが、それでは地方自治の本旨（憲九二条）との関係でやや問題を生じ、また、自主条例の実効性を確保するという観点から、両方の条例が含まれると考えられています（塩野二五四頁、宇賀二二七頁）。

代替的作為義務

エ　ところで、代執行が認められる行政上の義務とは、条文上、他人が代わって行うことのできる代替的作為義務に限定されます。**（注一）**

行政代執行
- ○　代替的作為義務
- ×　非代替的作為義務
- ×　不作為義務

行政上の義務

宝塚市パチンコ店規制条例事件判決

オ　右のことから、相手方私人の負う行政上の義務が、代替的作為義務以外の義務の場合、行政代執行を行うことができないことは明らかです。

では、代替的作為義務に当たらない行政上の義務について、民事的執行を行うことは可能でしょうか。この点については、最高裁の判例があります。事案は、宝塚市長が、市が制定した条例に基づき、市内でパチンコ店を建築しようとする私人（業者）に対し建築工事の中止命令を発しましたが、同人がこれに従わないため、建築工事の続行禁止を求めて民事訴訟を提起したというものです（宝塚市パチンコ店規制条例事件判決）。この裁判について、最高裁は、上告人である宝塚市の訴えを却下しました（最判平一四・七・九民集五六・六・一一三四）。すなわち、私人に対し行政上の義務の履行を求める訴えは、不適法なものであって、認められないとしました。**（注二）**

非代替的作為義務

不作為義務

（注一）代執行の対象となるのは、法律により直接命じられた義務及び法律に基づき行政庁から命じられた義務である（塩野二五六頁）。しかも、代替的作為義務に限定される。他人が替わってすることのできない非代替的作為義務や不作為義務については用いることが許されない。そこで、実際の立法においては「不作為義務の代替的作為義務への転換」という手法がしばしば使われる（大橋三〇九頁）。例えば、相手方に対して不作為義務を命じる場合（禁止命令に従う義務）に、それが履行されないときに備え、代替的作為義務を課すことができる条文を別に規定しておくというものである。具体例として、河川法二六条一項は、河川区域内の土地において無許可で工作物を新築することを禁止する。その違反があった場合、同法七五条一項によって、河川管理者は、工作物の除却命令（代替的作為義務）を下すことができるとされている。これに関連し、市長Yが市の職員組合Xに対し、市庁舎の一部を組合事務所として使うことを許可していたところ、Yは、これを取り消す処分（撤回処分）をし、さらに、組合事務所内の存置物件を搬出するよう戒告した。これに対し、Xは、市庁舎使用許可の取消処分及び戒告の各取消しを求めて出訴した事件について、大阪高裁は、「本件庁舎の管理権者たるYが、Xに対する庁舎の使用許可を取消すときは、庁舎の使用関係はこれによって終了し、Yが管理権に基いてXに対し庁舎の明渡ないし立退きを求めることができ、Xはこれに応ずべき義務あることはいうまでもないが、右義務は行政代執行によってその履行の確保が許される行政上の義務ではない。」と決定した（大阪高決昭四〇・一〇・五行

法律上の争訟

財産権の主体

行政権の主体

代執行

集一六・一〇・一七五六。北村ほか三一頁)。

(注二) 最高裁は、「行政事件を含む民事事件において裁判所がその固有の権限に基づいて審判することのできる対象は、裁判所法三条一項にいう『法律上の争訟』、すなわち当事者間の具体的な権利義務ないし法律関係の存否に関する紛争であって、かつ、それが法令の適用により終局的に解決することができるものに限られる(最高裁昭和五一年(オ)第七四九号同五六年四月七日第三小法廷判決・民集三五巻三号四四三頁参照)。国又は地方公共団体が提起した訴訟であって、財産権の主体として自己の財産上の権利利益の保護救済を求めるような場合には、法律上の争訟に当たるというべきであるが、国又は地方公共団体が専ら行政権の主体として国民に対して行政上の義務の履行を求める訴訟は、法規の適用の適正ないし一般公益の保護を目的とするものであって、自己の権利利益の保護救済を目的とするものということはできないから、法律上の争訟として当然に裁判所の審判の対象となるものではなく、法律に特別の規定がある場合に限り、提起することが許されるものと解される。そして、行政代執行法は、行政上の義務の履行確保に関しては、別に法律で定めるものを除いては、同法の定めるところによるものと規定して(一条)、同法が行政上の義務の履行に関する一般法であることを明らかにした上で、その具体的な方法としては、同法二条の規定による代執行のみを認めている。また、行政事件訴訟法その他の法律にも、一般に国又は地方公共団体が国民に対して行政上の義務の履行を求める訴訟を提起することを認める特別の規定は存在しない。

したがって、国又は地方公共団体が専ら行政権の主体として国民に対して行政上の義務の履行を求める訴訟は、裁判所法三条にいう法律上の争訟には当たらず、これを認める特別の規定もないから、不適法というべきである。本件訴えは、地方公共団体である上告人が本件条例八条に基づく行政上の義務の履行を求めて提起したものであり、原審が確定したところによると、当該義務が上告人の財産的権利に由来するものであるという事情も認められないから、法律上の争訟に当たらず、不適法というほかはない。」と判示した（最判平一四・七・九判時一七九八・七八）。

五－一－二㈢

㈢　補充性・公益要件

補充性要件
公益要件

ア　行政代執行法二条は、「他の手段によってその履行を確保することが困難」であること、及び「その不履行を放置することが著しく公益に反すると認められる」こと、という二つの要件を置いています。前者が補充性要件、後者が公益要件といわれています（宇賀二二九頁）。**(注)**

効果裁量権

イ　次に、仮に行政代執行法の要件が完全に満たされた場合であっても、行政庁において、実際に代執行を行うか否かの点については効果裁量権が認められると解されます（宇賀同頁）。その結果、諸般の事情を考慮の上、代執行を行わないことも許容されると考えられます（三－一－二㈢参照）。

権力的事実行為

(注)　塩野説は、「これは、権力的事実行為の発動をできるだけ控えるという立法政策

を反映しているものと思われるが、前者についていえば、いかなる手段をもって代執行に先行すべき手段であるとみるかは必ずしも容易ではない。ここには、行政指導等の法外的手段も含めて解することになるであろうが、そうだとすると比例原則の適用で足りるようにも思われる。また、後者については、義務の不履行は直ちに行政代執行法の要件を充たすものではない、という点で、行政庁を拘束する。しかし、この定めがないからといって義務の不履行が代執行権の発動を当然に認めることにはならず、そこにはやはり比例原則が適用されることと思われる。その意味でこの規定の法律的意味は必ずしも明確でない。」と述べる（塩野二五七頁。三－二－二㈣参照）。

行政指導等

比例原則

㈣　農地法五一条の場合

五－一－二㈣

ア　農地法五一条は、違反転用に対する処分について定めます。同条の構造ですが、その一項に基本となる事柄が規定されています。同項を分析すると、次のようにいうことができます。

違反転用

①　農地法五一条一項の規定により処分を受ける相手方私人（被処分者）については、同項一号から四号までに掲げられた者となります。

②　処分の内容は、次のとおりです。転用許可処分の取消し、許可条件の変更、新たな許可条件の付加、工事その他の行為の停止命令及び原状回復等の措置命令の五つの種類です。

③　処分を適法に発するための要件は、第一に、土地の農業上の利用の必要があると認められること、第二に、必要の限度において行われることです。(注)

イ　農地法五一条一項による処分のうち、許可処分の取消し、許可条件の変更及び許可条件の付加の三つについては、行政手続法一三条以下で定める事前手続を経る必要があるか否かという問題を別とすれば、行政庁（処分庁）単独の判断で行うことが可能であり、当該処分が行われることをもって完結し、履行の問題を残しません。

不作為義務

他方、工事その他の行為の停止命令の場合は、換言すれば、相手方私人に対し不作為義務（禁止命令に従う義務）を課することになりますから、行政上の義務の履行確保の問題が残ります。仮に相手方が行政庁の発した工事停止命令に従わないときは、行政代執行を行うことができないことはもとより、既に述べたとおり、民事裁判手続によって工事の続行を停止させることもできないと解されます。

代替的作為義務

では、例えば、行政庁が、農地を違法に非農地化した相手方私人に対し、原状回復のための措置命令を発したが（農五一条二項）、相手方が、定められた期限までにこれに従って原状回復のための措置を講じない場合はどうでしょうか。この場合、相手方の負う行政上の義務は、代替的作為義務に当たると考えられますから、行政庁は、代執行、つまり原状回復の措置の全部又は一部を行うことができると解されます（同条三項一号）。

簡易代執行

ウ　農地法五一条三項は、行政庁が相手方に対し、代替的作為義務を命じようとする場合において、「過失がなくて当該原状回復等の措置を命ずべき違反転用者等を確知することができないとき。」（同項二号）、「相当の期限を定めて、当該原状回復等の措置を講ずべき旨及びその期限までに当該原状回復等の措置を講じないときは、自ら当該原状回復等の措置を講じ、当該措置に要した費用を徴収する旨を、あらかじめ、公告しなければならない。」と定めます（同項柱書）。

右の場合、行政庁は、原状回復命令を発する相手方（対象者）を確知できていませんが、公告の後に代執行を行うことができます。これを簡易代執行と呼ぶことができます（宇賀二三二頁）。

（注）　国の通知は、「都道府県知事等は、違反転用事案の内容及び聴聞又は弁明の内容を検討するとともに、当該違反転用事案に係る土地の周辺における土地の利用の状況、その土地の現況、違反転用により農地等以外のものになった後においてその土地に関し形成された法律関係、農地等以外のものになった後の転得者が偽りその他不正の手段により許可を受けた者からその情を知ってその土地を取得したものかどうか、過去に違反転用を行ったことがあるかどうか、是正勧告を受けてもこれに従わないと思われるかどうか等の事情を総合的に考慮して、処分又は命ずべき措置の内容を決定する。」としている（事務処理要領第四・六(1)）。

第二節　行政罰

五-二-一

一　行政罰の種類

五-二-一㈠

㈠　行政刑罰と行政上の秩序罰

行政罰

ア　広く行政上の義務の懈怠に対して科される制裁を行政罰といいます（塩野二七二頁）。行政罰には、二つの種類があります。行政刑罰と、行政上の秩序罰としての過料です。

行政罰
- 行政刑罰 ……… 死刑、懲役、禁錮、罰金、拘留、科料、没収
- 行政上の秩序罰 ……… 過料

行政刑罰
刑罰
刑法
刑事訴訟手続

イ　行政刑罰は、刑法に刑名のある死刑、懲役、禁錮、罰金、拘留、科料及び没収という刑罰を科するものですから（刑九条）、刑法の適用があります（刑八条）。また、被告人とされた者が有罪となるかどうかは、刑事訴訟手続に従って決められます。その手

公訴

続を定めた刑事訴訟法によれば、検察官が裁判所に対して公訴を提起し（刑訴二四七条）、公開の法廷において審理を行った上で、有罪・無罪の判断を下すことが原則とされています（公判請求）。**(注)**

公判請求

公訴時効

(注)　刑事訴訟法二五〇条二項は、人を死亡させた罪であって禁錮以上の刑に当たるもの以外の罪についての公訴時効を定めている。公訴時効が完成すると公訴の提起ができなくなるため、極めて重要な意義を有する。農地法に定められた刑罰は、後記のとおり、長期が「三年以下の懲役」つまり、最も重くても三年の懲役で済まされる。したがって、農地法に定められた罪に関する公訴時効については、刑事訴訟法二五〇条二項六号が適用されて「三年」となる。このことから、農地法に直接違反し、又は農地法に基づく行政庁の命令に違反したことによる刑事責任は、犯罪の実行行為が終わった時から、三年を経過することによって（刑訴二五三条一項）、不問に付されることになる。

五－二－一(二)

(二)　略式命令の請求

行政犯

略式命令

ア　ところが、行政刑罰が科される犯罪（行政犯）には、罪責が比較的軽微なものが多いことから、検察官は、被疑者に対し略式手続について説明し、異議のない旨の書面を得た上で（刑訴四六一条の二）、簡易裁判所に対し、略式命令の請求をすることができます（刑訴四六二条）。このようにして、簡易裁判所は、検察官の請求により、公判前、

正式裁判

略式命令で一〇〇万円以下の罰金又は科料を科することができます（刑訴四六一条）。

イ　略式命令を受けた者又は検察官は、その告知を受けた日から一四日以内に、正式裁判の請求をすることができます（刑訴四六五条一項）。

五－二－一㈢

行政上の秩序罰

過料

㈢　行政上の秩序罰

ア　行政上の秩序罰とは、行政上の秩序の維持のため、違反者に対して制裁金として科される性質を持つ過料を指します（宇賀二五〇頁）。例えば、戸籍法一三五条は、「正当な理由がなくて期間内にすべき届出又は申請をしない者は、五万円以下の過料に処する。」と規定しています。過料は、刑法上の罰（刑罰）ではありませんから、刑法総則及び刑事訴訟法の適用はありません（塩野二七五頁）。

イ　次に、過料を科するための手段については、法律違反の場合と、地方公共団体の条例及び長の規則違反の場合で取扱いが異なります。前者の場合は、科料に処せられるべき者の住所地の地方裁判所の管轄となります（非訟一一九条）。なお、科料を科する旨の裁判は、行政処分の性質を有すると解する立場があります（宇賀二五五頁）。

他方、後者の場合は、地方公共団体の長が、行政処分によって納付を命ずるとされています（自治二五五条の三「普通地方公共団体の長が過料の処分をしようとする場合においては、過料の処分を受ける者に対し、あらかじめその旨を告知するとともに、弁明の機会を与えなければならない。」)。

五―二―二　二　農地法の場合

五―二―二㈠　㈠　行政刑罰が科せられる場合

農地法によって行政刑罰が科せられる場合は、次のとおりです。

① 六四条一号から三号まで（三年以下の懲役又は三〇〇万円以下の罰金）

② 六五条（六月以下の懲役又は三〇〇万円以下の罰金）

③ 六六条（三〇万円以下の罰金）

④ 六七条一号（一億円以下の罰金）及び二号（三〇〇万円以下の罰金又は三〇万円以下の罰金）

五―二―二㈡　㈡　行政上の秩序罰が科せられる場合

農地法によって行政上の秩序罰が科せられる場合は、次のとおりです。

① 六八条（三〇万円以下の過料）

② 六九条（一〇万円以下の過料）

第三節　行政調査

五－三－一

一　行政調査

五－三－一㈠
行政調査

㈠　行政調査の類型

ア　行政調査とは、行政機関が行政目的で行う調査をいいますが（宇賀一四八頁）、それが認められる主な理由は、行政機関が行政的な決定を行うためには、何らかの情報が必要となるためです。そして、その情報を収集するための手段として、質問、立入り、検査などの方法が認められています（塩野二八三頁）。

イ　行政調査は、行政機関による強制力の有無又は態様という点から、おおよそ、任意調査、間接強制調査（準強制調査）及び強制調査の三つのものに分類することができます（中原二〇七頁）。

五－三－一㈡
任意調査

㈡　任意調査

ア　まず、任意調査です。任意調査は、対象となる相手方の理解と協力の下に行われる調査です。任意調査の場合、相手方に対し、調査に協力するよう求めることはできますが、仮に相手方が協力を拒否する場合は、強制力を行使して調査をすることは認められません。

イ　任意調査の例として、宗教法人法七八条の二の規定に基づいて、所轄庁の職員が宗教法人の同意を得た上で、その施設に立ち入って調査をする場合があげられています（宇賀一四九頁）。

立入調査権

また、農地法一四条一項は、「農業委員会は、農業委員会等に関する法律三五条第一項の規定による立入調査のほか、第七条第一項の規定による買収をするため必要があるときは、委員、推進委員〔中略〕又は職員に法人の事務所その他の事業場に立ち入らせて必要な調査をさせることができる。」と定めます。この規定による立入調査権も任意調査に属すると解されます。

なお、同条二項は、「前項の規定により立入調査をする委員、推進委員又は職員は、その身分を示す証明書を携帯し、関係者にこれを提示しなければならない。」と定めています。

㈢　間接強制調査

間接強制調査（準強制調査）

ア　間接強制調査（準強制調査）とは、相手方が行政機関の求める調査に応じなかったり、虚偽の報告をした場合に、その制裁として罰則（行政罰）を設けることによって、調査に応じるよう間接的に強制するものをいいます（大橋三七〇頁）。ただし、調査に際して、相手方の抵抗を排除することまでは認められません（同三七二頁）。このような手法をとる行政法規は数多くみられます。

イ　農地法も、四九条一項において、「農林水産大臣、都道府県知事又は指定市町村の長は、この法律による買収その他の処分をするため必要があるときは、その職員に他人の土地又は工作物に立ち入って調査させ、測量させ、又は調査若しくは測量の障害となる竹木その他の物を除去させ、若しくは移転させることができる。」と定めます。

仮に相手方が立入調査を拒否したような場合は、六月以下の懲役又は三〇万円以下の罰金に処せられると定められています（農六五条）。相手方において、行政罰が自分に科される事態を回避しようとすれば、立入調査などに応じざるを得ないと推測されます。

五－三－一㈣
強制調査
犯則調査手続

㈣　強制調査

強制調査は、行政機関が実力を行使し、相手方の抵抗を物理的に排除して行う調査をいいます。例えば、国税犯則取締法上の犯則調査手続がこれに当たりますが、この際、国税犯則取締法二条によって裁判官の許可状（令状）を要するとされています。

なお、農地法は、強制調査を認めた条文を置いていません。

五－三－二

二　その他の問題

五－三－二㈠
犯罪捜査

㈠　行政調査と犯罪捜査

ア　行政調査は、もともと行政目的を達成するために認められたものであり、犯罪捜査のために認められたものではありません。

行政調査と犯罪捜査を比較した場合、強制調査を除いた行政調査（任意調査及び間接強制調査）にあっては、手続的な規制は必ずしも十分とはいえません。仮に手続的な規制が緩い行政調査によって行政機関が証拠を獲得し、後日、それを捜査機関が犯罪捜査に使用することが許されるとしたら、刑事訴訟法の趣旨（適正な刑事手続。憲三一条）が潜脱されることになります。しかし、そのような事態は認め難いと考えます。

このことを示す行政法規は多くあります。例えば、農地法四九条六項は、「第一項の規定による立入調査の権限は、犯罪捜査のために認められたものと解してはならない。」と定めています。

この条文の意味を一言で表せば、行政調査の権限を犯罪捜査のために用いることはできない、ということになります（塩野二八七頁）。

証拠能力

イ　そして、行政調査の手続を利用して得られた証拠は、原則として、刑事訴訟法において証拠能力が否定されると解されます（大橋三七六頁、宇賀一六〇頁）。**（注）**

（注） 法人税法旧一五六条（現国税通則法七四条の八）は、質問検査権について、「犯罪捜査のために認められたものと解してはならない」と定めていた。この条文の解釈について、最判平一六・一・二〇（刑集五八・一・二六、判時一八四九・一三三）は、「上記質問又は検査の権限の行使に当たって、取得収集される証拠資料が後に犯則事件の証拠として利用されることが想定できたとしても、そのことによって直ちに、上記質問又は検査の権限が犯則事件の調査あるいは捜査のための手段として行使されたことにはならないというべきである。〔中略〕本件では、上記質問又は検査の権限の行使に当たって、取得収集される証拠資料が後に犯罪事件の証拠として利用されることが想定できたことにとどまり、上記質問又は検査の権限が犯則事件の調査あるいは捜査のための手段として行使されたものとみるべき根拠はないから、その権限の行使に違法はなかったというべきである。」と判示した。

(二) 行政調査の瑕疵と行政行為の瑕疵

ア 行政調査の手続に違法な点があったが、それを基礎として行政処分が行われた場合に、当該行政処分にどのような影響を及ぼすか、という問題があります。

イ いろいろな考え方があると思われますが、行政調査と行政処分は、それぞれ独立した制度と考えられますから、仮に行政調査に違法な点が存在したとしても、それを理由に、直ちに行政処分を違法とみることは早計と考えます。

ただ、右の場合、行政調査と行政処分は、一つの過程を構成していると考えることもできます。そうすると、適正手続の観点から、行政調査に重大な瑕疵が存在するときは、当該調査を基に行われた処分も瑕疵を帯び、違法なものとして取り消し得る場合もあると解されます（塩野二九〇頁、中原二一二頁）。

第六章　行政救済

第一節　不服申立て

六-一-一

一　不服申立て

六-一-一-(一)

(一)　行政不服審査法の制定

審査請求

ア　平成二六年（二〇一四年）、旧行政不服審査法が全面改正されて現在の行政不服審査法が成立し、その後、平成二八年（二〇一六年）四月一日に施行されました。現行の行政不服審査法は、不服申立ての類型を、原則として審査請求に一元化しました。

イ　行政不服審査法の目的は、同法一条が示しているとおり、国民の権利利益の救済を図ること及び行政の適正な運営を確保することにあります（大橋Ⅱ三四七頁）。

以下、原則として、農地法の解釈・運用に必要と思われる限度で説明を加えます（したがって、行政不服審査法の全般的な問題点については、別途専門書で確認願います。）。

六-一-一-(二)

(二)　不服申立ての対象及び種類

処分

不作為

ア　不服申立ての対象とされるのは、第一に、処分ですが（行審二条）、第二に、申請をしたにもかかわらず行政庁に不作為がある場合も不服申立てをすることができます

（同法三条）。

イ　不服申立ての種類は、先に述べたとおり、審査請求が中心となります。

不服申立ての種類
- 審査請求
- 再調査の請求
- 再審査請求

再調査の請求

また、個別の法律に特別の定めがある場合には再調査の請求をすることができます（行審五条）。しかし、農地関係法では、そのような特別の規定は、現在までのところ見当たりませんので、本書では説明を全て省略します。

再審査請求
裁決

ウ　ここで、再審査請求について触れます。再審査請求は、審査請求の裁決がされた後に、その裁決に不服がある場合に行うことが認められます。これも、再調査の請求と同様、法律に特別の定めがある場合に限って行うことができます。その一例として、地方自治法二五二条の一七の四第四項があります。

ところで、同法二五二条の一七の二第一項は、法定受託事務の一部を条例の定めるところにより、市町村へ移譲することを認めています（六―一―二(三)参照）。事務及び権限の移譲を受けた市町村長が処分を行ったところ、処分を受けた相手方から都道府県知事に対し審査請求があり（法定受託事務に係る審査請求。自治二五五条の二第一項二号）、同知事が裁決したところ、同裁決に対してなお不服がある場合に、さらに所管大臣に対する再審査請求を行うことが認められています（自治二五二条の一七の四第四項）。

六－一－二

二　審査庁

六－一－二㈠
審査庁

㈠　行政不服審査法四条各号

処分庁等
上級行政庁

ア　行政不服審査法四条は、審査請求をすべき行政庁、すなわち審査庁（審査機関）について定めています。同条のうち一号は、処分庁等（処分庁及び不作為庁を指します。）に上級行政庁が存在しない場合の規定ですが、二号から四号までは、上級行政庁が存在する場合の規定となっています（法律などに特別の定めがある場合を除きます。）。

イ　処分庁等に上級行政庁がない場合は、当該処分庁等が審査庁となります（行審四条一号）。ここでいう上級行政庁とは、処分庁等を指揮・監督する権限を有する行政庁をいいます（宇賀Ⅱ二九頁）。しかし、都道府県知事、市町村長、市町村農業委員会などには、いずれも上級行政庁と呼べる行政機関はありません。

したがって、例えば、都道府県知事が行う農地法に基づく処分については、原則として、当該都道府県知事が審査庁となります。ただし、後記する「法律に特別の定めがある場合」が適用されるときは別の取扱いになりますから、注意が必要です。

外局

ウ　主任の大臣（行審四条三号）又は外局の長（同条二号）が、処分庁等の上級行政庁である場合、当該主任の大臣又は外局の長が審査庁となります。

ここでいう外局とは、特別な事務を行わせるために、府省の大臣の所轄の下に置かれる機関をいいます（宇賀Ⅱ三一頁）。例えば、内閣府に置かれる金融庁、消費者庁などがこれに当たります。

主任の大臣が審査庁とされる場合の一例として、農林水産省の地方支分部局であるA地方農政局長が処分庁等に当たる場合をあげることができます。この場合、審査請求をすべき行政庁は、上級行政庁に当たる農林水産大臣となります（行審四条三号）。

最上級行政庁

エ　以上、同条一号から三号までに掲げる場合以外の場合は、当該処分庁等の最上級行政庁が審査庁となります（行審四条四号）。処分庁等の最上級行政庁が審査庁とされている理由は、上級行政庁は、下級行政庁に対して指揮・監督権を有しているため、処分又は不作為を公正に見直すことができると考えられるためです（逐条行審三一頁）。

ここでいう最上級行政庁とは、更なる上級行政庁を有しない行政庁を指します。最上級行政庁が審査庁とされている理由は、審理の客観性・公正さを確保するとともに、審査請求人に対し、主任の大臣等や地方公共団体の長による審理を受ける機会を与え、統一性のある事務処理を図るためであると解されます（同頁）。

六－一－二(二)

法定受託事務

(二)　行政不服審査法四条柱書

ア　右に掲げた行政不服審査法の原則に対し、先に触れたとおり、同法四条柱書は、「法律（条例に基づく処分については、条例）に特別の定めがある場合を除くほか」と規定しています。

これは、審査請求先の例外を定めたものです。個別の法律（又は条例）に特別の定めがある場合は、同条一号から四号までの規定は適用されず、当該法律（又は条例）の定めによって審査庁が決まります（逐条行審二七頁）。

イ　個別の法律による特別の定めの例として、地方自治法があります。

地方自治法二五五条の二第一項柱書は、「法定受託事務に係る次の各号に掲げる処分及びその不作為についての審査請求は、他の法律に特別の定めがある場合を除くほか、当該各号に定める者に対してするものとする。この場合において、不作為についての審査請求は、他の法律に特別の定めがある場合を除くほか、当該各号に定める者に代えて、当該不作為に係る執行機関に対してすることもできる。」と定めます。

ウ　このことから、法定受託事務について都道府県知事が行った処分については、当該事務を規定する法律（又は政令）を所管する大臣に対して審査請求を行うものとされていることが分かります（自治二五五条の二第一項一号）。**(注)**

同じく、法定受託事務について市町村長その他の執行機関が行った処分については、都道府県知事に対して審査請求を行うものとされています（同項二号）。

（注） 法定受託事務には、第一号法定受託事務と第二号法定受託事務がある（自治二条九項一号・二号）。第一号法定受託事務とは、法律又は政令により都道府県・市町村・特別区が処理することとされている事務のうち、国が本来果たすべき役割に係るものであって、国においてその適正な処理を特に確保する必要があるとして法律又は政令に特に定めるものをいい、第二号法定受託事務とは、法律又は政令により、市町村・特別区が処理することとされている事務のうち、都道府県が本来果たすべき役割に係るものであって、都道府県においてその適正な処理を特に確保する必要があるとして法律又は政令に特に定めるものをいう。また、自治事務とは、地方公共団体が処理する事務のうち、法定受託事務以外のものをいう（自治二条八項）。

第一号法定受託事務

第二号法定受託事務

自治事務

六―一―二㈢

㈢　農地法関係事務の場合

ア　農地法において、都道府県又は市町村が処理することとされている事務は、自治事務、第一号法定受託事務及び第二号法定受託事務のいずれかに分類されます（農六三条一項・二項）。

農地法関連事務について図示すると、次のようになると考えます。

第一号法定受託事務（農六三条一項柱書）	
自治事務（農六三条一項各号）	第二号法定受託事務（農六三条二項各号）

イ　まず、農地法六三条一項は、「この法律の規定により都道府県又は市町村が処理することとされている事務のうち、次の各号及び次項各号に掲げるもの以外のものは、地方自治法第二条第九項第一号に規定する第一号法定受託事務とする。」と定めます。したがって、農地法六三条一項各号に掲げられた事務は、いずれも自治事務に当たると考えられます。

例えば、同項二号は、同法四条一項の規定によって都道府県が処理することとされている事務（ただし、転用計画面積が四ヘクタールを超えるものは除かれます。つまり、四ヘクタール以下のものに限られます。）を掲げます。このことから、四ヘクタール以下の農地転用許可処分は、自治事務に当たることが分かります。

ウ　続いて、農地法六三条二項は、「この法律の規定により市町村が処理することとされている事務のうち、次に掲げるものは、地方自治法第二条第九項第二号に規定する

指定市町村

農地転用届出受理処分

都道府県知事等

条例による事務処理の特例

第二号法定受託事務とする。」と定めます。したがって、農地法六三条二項各号に掲げられた事務は、いずれも第二号法定受託事務に当たると考えられます。

例えば、同項一号は、同法四条一項七号の規定によって、市町村（ただし、指定市町村を除きます。）が処理することとされている事務（ただし、転用計画面積が四ヘクタール以下のものに限られます。）を掲げます。このことから、四ヘクタール以下の農地転用届出受理処分は、第二号法定受託事務（ただし、指定市町村の場合は自治事務）に当たることが分かります。なお、指定市町村とは、農林水産大臣が指定する市町村を指し、都道府県知事と指定市町村の長を合わせて、都道府県知事等といいます（農四条一項）。**（注一）（注二）**

（注一） 前にも触れたが、地方自治法二五二条の一七の二第一項は、「都道府県は、都道府県知事の権限に属する事務の一部を、条例の定めるところにより、市町村が処理することとすることができる。この場合においては、当該市町村が処理することとされた事務は、当該市町村の長が管理し及び執行するものとする。」と定める。これを条例による事務処理の特例という。これは、都道府県の判断によって、その事務及び権限を市町村に再配分することを目的とするものであり、市町村に移譲される事務は、法定受託事務であろうと自治事務であろうと問わない。例えば、A県知事から、B市（B市長）に対し、自治事務である四ヘクタール以下の農地法一八条許可事務（及び権限）が移譲されたことを受け、Ｂ市長は、許可申請人であるＣに対し不許可処分を行ったとする。これに対し、相手方Ｃが審査請求を行おうとする場合、審査庁はＢ市長とされる（上級行政庁がない場合。行審四条一号）。他方、第一号法定受託事務である四ヘクタールを超える農地法一八条許可事務（及び権限）がＢ市（Ｂ市長）に移譲された場合、審査庁はＡ県知事となる（自治二五五条の二第一項二号）。

（注二） 以上をまとめると、次の表のようになる。

事務の種類	処分庁	審査庁	根拠法
法定受託事務	都道府県知事	農林水産大臣	自治二五五条の二第一項一号
	市町村長	都道府県知事	自治二五五条の二第一項二号
	農業委員会		
自治事務	都道府県知事	都道府県知事	行審四条一号
	市町村長	市町村長	
	農業委員会	農業委員会	

六－一－三

三　審査請求

六－一－三㈠

㈠　審査請求の方法及び請求書の提出先

審査請求の方法については、他の法律（条例に基づく処分については、条例）に口頭で

審査請求書

することができる旨の定めがある場合を除き、審査請求書を提出して行わなければなりません（行審一九条一項）。また、審査請求書の提出先については、処分庁等と審査庁が同一の場合は審査庁に対し、また、双方が異なる場合は処分庁等を経由して提出することもできます（行審二一条一項）。

六－一－三(二)

審査請求期間

主観的審査請求期間

(二)　審査請求期間

ア　審査請求をすることができる期間（審査請求期間）には二つのものがあります。第一に、主観的審査請求期間です。これは、相手方が処分のあったことを知った日の翌日から起算して三か月を経過したときです（行審一八条一項）。ここでいう「知った日」とは、相手方が、処分のあったことを現実に知った日をいいます。しかし、仮に知らなかったとしても、社会通念上、処分があったことを知り得た状態に置かれたときは、特別の事情がない限り、処分があったことを知ったものと解されます（逐条行審一一四頁）。

ただし、正当な理由がある場合は、右の期間が経過しても、適法な審査請求として取り扱われます（行審一八条一項ただし書）。例えば、処分庁から、誤った不服申立期間の教示が行われた場合などがこれに当たります。

客観的審査請求期間

イ　第二に、客観的審査請求期間です（行審一八条二項）。これは、処分があった日の翌日から起算して一年を経過したときです。ただし、正当な理由がある場合は、右の期間が経過しても、適法な審査請求として取り扱われます（同項ただし書）。

六－一－三㈢
不服申立適格
主婦連ジュース事件判決

㈢　不服申立適格

不服申立適格について、行政不服審査法二条は、「行政庁の処分に不服がある者」は審査請求をすることができると定めています。その意味について、最高裁昭和五三年三月一四日判決（いわゆる主婦連ジュース事件判決）は、不服がある者とは、当該処分により、自己の権利若しくは法律上保護された利益を侵害され又は必然的に侵害されるおそれのある者をいうとしました（民集三二・二・二一一頁）。

これに関連して、行政不服審査法上の不服申立適格と、行政事件訴訟法上の原告適格（行訴九条）とは、同様のものと解され、また、処分の名宛人のほか、第三者も含み得ると解する立場が有力です（大橋Ⅱ三六八頁、宇賀Ⅱ四三頁）。

六－一－四

四　審理員制度とその例外

六－一－四㈠
審理手続
審理員

㈠　審理員制度

ア　審査請求が行われると、審査庁は、審査庁に所属する職員のうちから審理手続を行う者を指名します（行審九条一項本文）。この者を審理員といいます。以下、審理手続について簡潔に述べます。

審査請求書の送付

イ　第一に、審理員は、審査請求人から提出された審査請求書又は審査請求録取書の写しを処分庁等に送付しなければなりません（審査請求書の送付。行審二九条一項本文）。ただし、処分庁等が審査庁の場合を除きます（同項ただし書）。

例えば、四ヘクタール以下の農地転用許可事務は、都道府県知事の自治事務に当たり、処分庁と審査庁が同一の行政庁となりますから、審査請求書等の送付は不要です。

弁明書

ウ　第二に、審理員は、相当の期間を定めて処分庁等に対し、弁明書の提出を求めなければなりません（弁明書の提出。行審二九条二項）。

弁明書の提出

例えば、農業委員会の三条許可事務は、農業委員会の第一号法定受託事務に当たりますから、審査庁は都道府県知事となります。そして、都道府県知事から指名された審理員は、相当の期間を定めて、処分庁である農業委員会に対し、弁明書の提出を求めなければなりません。

仮に相当期間内に弁明書の提出がされなかった場合に、さらに一定の期間を定めて弁明書の提出を求めたにもかかわらず、当該提出期間内に弁明書が提出されなかったときは、審理員は審理手続を終結させることができます（行審四一条二項一号）。

また、弁明書に記載すべき事項は法定されています（行審二九条三項）。その記載の程度については、抽象的・一般的なものでは不十分であり、審理員が処分の内容及び理由を明確に認識し得るものであることが必要と解されます（逐条行審一六五頁）。

なお、処分庁等から弁明書が提出された場合、審理員は、審査請求人（及び参加人。行審一三条一項参照）に対し、弁明書を送付しなければなりません（行審二九条五項）。

反論書
意見書
証拠書類
証拠物

エ　第三に、処分庁等が作成した弁明書に対し、審査請求人は、当該弁明書に記載された事項に対する反論を記載した反論書を提出することができます（行審三〇条一項）。また、参加人は、意見書を提出することができます（同条二項）。さらに、審査請求人又は参加人は、証拠書類又は証拠物を提出することができます（行審三二条一項）。

これに対し、処分庁等は、当該処分の理由となる事実を証する書類その他の物件を提出することができます（同条二項）。

口頭意見陳述

なお、審査請求人及び参加人に対し、十分に主張する機会を与えるため、書面主義の例外として、審査請求人又は参加人から申立てがあった場合に、口頭意見陳述の機会を付与しなければならないとされています（行審三一条一項）。

審理員意見書

オ　第四に、審理員は、必要な審理を終えたと認めるときは、審理手続を終結し（行審四一条一項）、遅滞なく、審理員意見書を作成します（同法四二条一項）。

審理員は、審理員意見書を作成したときは、速やかにこれを事件記録とともに審査庁に提出しなければなりません（同条二項）。

六―一―四㈡
審理員制度の適用除外

㈡　農地法関係事務の場合

ア　審査請求の審理を、審理員が中心となって行うという原則に対し、行政不服審査法九条一項ただし書は、「次の各号のいずれかに掲げる機関が審査庁である場合（中略）は、この限りでない。」と例外を定めます（審理員制度の適用除外）。

イ　そして、同項三号は、地方自治法一三八条の四第一項に規定する委員会若しくは委員又は同条三項に規定する機関（執行機関の附属機関としての審査会、審議会、調査会等）について定めています。これは、同法一八〇条の五に定める委員会又は委員を指しており、農業委員会も同条の三項に定められています。

ウ　そのため、農業委員会が審査庁とされる場合は、審理員の指名手続が除外されることになります。この場合、審理を行うのは審理員ではなく、審査庁である農業委員会自身ということになります。除外の理由については、審査請求の審理及び判断が、優れた識見を有する委員等によって構成される合議体によって公正かつ慎重に行われることが制度上担保されているためである、と説く見解が一般的です（制度六六頁）。

六―一―五

五　行政不服審査会等

六―一―五㈠

㈠　行政不服審査会等への諮問

ア　前記のとおり、審査庁は、審理員の行う審理手続を経て、処分等に違法性又は不

行政不服審査会等

当性が認められるか否かの判断を行いますが、これに加え、専門委員等の有識者等で構成される行政不服審査会等においてさらに審議を行うものとすることは、審査庁の行う裁決の公正性・客観性を高める上で有用と考えられます（制度一四七頁）。

イ　そのため、行政不服審査法四三条一項は、審査庁の行政不服審査会等への諮問について定めます。すなわち、審査庁が主任の大臣等の場合は行政不服審査会に対し、また、審査庁が地方公共団体の長の場合は同法八一条一項・二項の機関（執行機関の付属機関）に対し、それぞれ諮問しなければならないとしています。

右の規定の反対解釈から、主任の大臣や地方公共団体の長に該当しない行政委員会や審議会等が審査庁とされる場合は、行政不服審査会等への諮問がそもそも義務付けられていないことが分かります。これは、委員等の有識者から構成される合議体により慎重な判断がされることを期待できると考えられるためです（Q＆A六八頁）。

ウ　以上述べたことから、審査庁が主任の大臣等（国に属する審査庁）又は地方公共団体の長（地方公共団体に属する審査庁）の場合は、行政不服審査会等への諮問が原則的に義務付けられることになります（行審四三条一項柱書）。

ただし、右の原則には例外が設けられており、同法四三条一項各号のいずれかに該当する場合は、行政不服審査会等への諮問が適用除外されます（諮問の適用除外）。

諮問不要の場合（四三条一項各号）
- 原処分又は裁決の際に第三者機関の議を経る場合（一号〜三号）
- 審査請求人が諮問手続を希望しない場合（四号）
- 行政不服審査会等が諮問を不要と認める場合（五号）
- 審査請求が不適法であり、却下する場合（六号）
- 審査請求の全部を認容するなどの場合（七号・八号）

諮問手続　六－一－五㈡

㈡　農地法関係事務の場合

農地法関係事務については、次のようにいうことができます。

ア　まず、自治事務に属する農業委員会の処分について、農業委員会が審査庁とされる場合、前記のとおり、農業委員会は、行政不服審査法四三条一項柱書に定められている「主任の大臣等」にも、あるいは「地方公共団体の長」にも当たりませんから、そもそも諮問の義務付けの対象とはならないと解されます（制度一四八頁）。

イ　次に、同じく自治事務に属する都道府県知事等の転用許可処分については、都道府県知事が審査庁とされますが、行政不服審査法四三条一項一号の規定によって、諮問の適用除外になると解されます（転用許可申請の提出があったときは、農地法四条三項の規定により、当該申請書に農業委員会の意見を付する必要があります。これは、農業委員会の議を経て、つまり農業委員会の諮問手続を経て都道府県知事による転用許可処分がされたと解

議を経る

することができるためです。）。（注）

ウ　他方、第一号法定受託事務に属する農業委員会の農地法三条許可処分について不服申立てが行われた場合も、都道府県知事が審査庁とされますが、この場合は、農業委員会において三条許可処分を行うに当たり、第三者機関の諮問手続を経ていませんので、原則どおり、行政不服審査会等への諮問が義務付けられると解されます。

（注）行政不服審査法四三条一項一号は、審査請求に係る処分（裁決）をしようとするときに、他の法律又は政令（条例）に、同法九条一項各号に掲げる審議会等の「議を経るべき旨又は経ることができる旨の定めがあり、かつ、当該議を経て当該処分がされた場合」について規定する。同号でいう「議を経る」の意味については、諮問手続一般を指すものと解されている。これについて「処分又は裁決を行うに先立って、審議会等に対しその意見や考えを求めるべき事項を示し、それに対する意見や考え方を求めることを意味する。具体的には、行政手続法第三九条第四項と同じく、個別の法律において、『議を経る』、『諮問する』、『意見を聴く』、『意見を求める』、『はかる』、『諮る』、『助言を求める』、『議決を経て』、『決定に基づいて』、『（決）議に基づいて』、『議により』等の文言が用いられている場合が該当する」と解釈する立場がある（逐条行審二三九頁）。

六－一－六

六　審査請求に対する裁決

六－一－六(一)

(一)　裁決書の記載事項

事情裁決

裁決書

裁決の種類として、基本的に、却下、棄却及び認容の三つのものがあります（行審四五条・四六条。ただし、例外的なものとして、事情裁決があります。行審四五条三項）。

裁決は、審査庁が記名押印した裁決書によって行う必要があります（行審五〇条一項）。そして、裁決書には、次の事項を記載します。

① 主文（一号）
② 事案の概要（二号）
③ 審理関係人の主張の要旨（三号）
④ 理由（四号）

六－一－六(二)

(二)　裁決の種類

裁決の種類としては、右記のとおり、却下、棄却及び認容の三つのものとなります。それぞれの意味内容については、本書の所定の頁を参照して下さい（二－二－一(三)参照）。

第二節　行政事件訴訟法

六—二—一

一　行政事件訴訟法の仕組み

六—二—一㈠

㈠　行政事件訴訟法の基本類型

ア　本書では、最後のテーマとして行政事件訴訟について、必要と思われる範囲内で説明を行います。行政事件訴訟に関する論点は、本来広範なものに及びます。しかし、農地事務担当者において理解しておくことが期待される論点は、基本的な事項に限られると考えます。

右の視点に立ち、必須の論点のみ説明を加えます。

行政事件訴訟

イ　行政事件訴訟法二条によれば、この法律において、「行政事件訴訟」とは、抗告訴訟、当事者訴訟、民衆訴訟及び機関訴訟をいう、とされています。

主観訴訟

これらの訴訟類型のうち、抗告訴訟と当事者訴訟は、いずれも主観訴訟と呼ばれます。主観訴訟は、国民の個人的な権利利益の保護を目的とします。

客観訴訟

これに対し、民衆訴訟と機関訴訟は、いずれも客観訴訟と呼ばれます。客観訴訟は、個人の権利利益を保護するためではなく、客観的な法秩序の維持を目的とします。

六－二－一(二)
抗告訴訟
公権力の行使
当事者訴訟
公法上の法律関係

- 行政事件訴訟
  - 主観訴訟（抗告訴訟・当事者訴訟）
  - 客観訴訟（民衆訴訟・機関訴訟）

(二)　各行政事件訴訟の内容

ア　抗告訴訟とは、行政庁の公権力の行使に関する不服の訴訟をいいます（行訴三条一項）。抗告訴訟は、行政事件訴訟法三条によれば、さらに、取消訴訟（同条二項）、無効等確認訴訟（同条四項）、不作為の違法確認訴訟（同条五項）、義務付け訴訟（同条六項）及び差止め訴訟（同条七項）の五つのものに分けられます。

- 抗告訴訟
  - 取消訴訟
  - 無効等確認訴訟
  - 不作為の違法確認訴訟
  - 義務付け訴訟
  - 差止め訴訟

イ　次に、当事者訴訟は、処分を除いた公法上の法律関係について争う訴訟を指しますが（行訴四条）、これはさらに、形式的当事者訴訟（同条前段）と、実質的当事者訴訟（同条後段）に分けられます。

民衆訴訟

ウ　民衆訴訟とは、「国又は公共団体の機関の法規に適合しない行為の是正を求める訴訟で、選挙人たる資格その他自己の法律上の利益にかかわらない資格で提起するもの」をいいます（行訴五条）。例えば、地方自治法二四二条の二が定める住民訴訟や公職選挙法二〇四条が定める選挙の効力に関する訴訟がこれに当たります。

住民訴訟

エ　以下、抗告訴訟の特徴について説明を行います（ただし、差止め訴訟については省略します。）。

六－二－二

二　抗告訴訟

六－二－二㈠

㈠　取消訴訟

ア　前記のとおり、抗告訴訟は、取消訴訟を初めとして合計五つの類型に分かれています。その中で中心を占めるのは、取消訴訟といえます。

取消訴訟

既に述べたところですが、行政庁によって、いったん行政処分が下された場合、その処分の取消しを求めるためには、原則として、処分の取消訴訟を起こさなければなりません。取消訴訟を提起しないまま出訴期間が経過しますと（行訴一四条）、不可争力が発生しますから、処分を受けた相手方としては、処分から発生した法効果を否定するこ

不可争力

本案審理
訴訟要件
却下
棄却
行政処分
原告適格
訴えの利益
管轄権
被告適格

とができなくなります（二－二－一㈠参照）。

イ　次に、処分を受けた相手方が、これを不服としてその取消しを求めて出訴しようとした場合、右に述べた出訴期間を含めて、本案審理（権利主張の当否についての審理をいいます。）のために、必ず満たすべき要件があり、これを訴訟要件といいます（中原二六五頁）。

訴訟要件を欠く訴えの提起は、不適法なものとして却下されます。ただし、仮に訴訟要件を満たしていても、請求に理由がない場合は、請求が棄却されます。

ウ　そして、次の①から⑦までのものが訴訟要件となります（なお、その詳細については行政法の専門書を参照して下さい。）。

①　訴訟の対象（訴訟物）が行政処分であること。つまり、処分性が認められること。農地法に関する訴訟の場合、三条、四条、五条、一八条等の処分に処分性が認められることは明らかであるから、この点は余り問題とならない。

②　原告適格があること。つまり、原告が取消訴訟を提起する資格を備えていること。**（注）**

③　訴えの利益があること。つまり、当該処分を取り消す現実的必要性があること。

④　裁判所に管轄権があること（管轄裁判所は、原則として地方裁判所の本庁となる。）。

⑤　被告適格があること。処分庁の属する国又は公共団体を被告とすること（例え

ば、市町村農業委員会が行った処分については、地方公共団体である市町村が被告となる。)。

出訴期間

⑥　出訴期間内に出訴すること。出訴期間は、処分又は裁決があったことを知った日から、原則として六か月である（行訴一四条一項。二－二－一㈡参照）。

審査請求前置主義

⑦　処分の根拠となった法律が、審査請求前置主義（出訴の前に不服申立手続を経ていることを要するという仕組み）を採用しているときは、裁判所に出訴する前に、行政不服申立てを済ませておくこと。

(注)　不許可処分を受けた申請人に、処分の取消しを求める原告適格があることに異論は見当たらない。問題は、第三者の原告適格の有無である（行訴九条二項）。農地法五条許可処分を受けた者（転用事業者）の近隣に居住する者が、当該処分の取消しを求めた事件について、名古屋地裁は、農地法「五条二項四号は、農地の転用によって土砂の流出又は崩壊その他の災害の発生や、農業用排水施設の機能上の障害等の被害が直接的に及ぶことが想定される周辺の一定範囲の農地を所有、耕作する者の農業経営上の利益を個々人の個別的利益としても保護する趣旨を含むものと解すべきである。そうすると、農地の転用によって土砂の流出又は崩壊その他の災害の発生や、農業用排水施設の機能上の障害等の被害が直接的に及ぶことが想定される周辺の一定範囲の農地を所有、耕作する者は、農地転用許可の取消しを求めるにつき法律上の利益を有する者として、

その取消訴訟における原告適格を有するというべきである。」と判決した（名古屋地判平二五・七・一八最高裁ホームページ。ただし、本件原告は、転用農地の周辺地域において農地を所有、耕作している事実は認められないとして、原告適格を欠く不適法な訴えとして却下判決を受けた。）。

六－二－二㈡

㈡　無効等確認訴訟

重大かつ明白な瑕疵
無効等確認訴訟

ア　取消訴訟の場合、出訴期間を経過すると、もはや訴訟を起こすことができなくなります。ところが、処分について重大かつ明白な瑕疵が存在するときは、最高裁の判例上、当該処分は無効となると考えられますから、その場合は、出訴期間を経過しても無効等確認訴訟を起こすことが許されます（二－三－四㈠参照）。

イ　ただし、処分に重大かつ明白な瑕疵があれば、常に無効等確認訴訟を提起することができるわけではありません。

この点について、行政事件訴訟法三六条は、「無効等確認の訴えは、当該処分又は裁決に続く処分により損害を受けるおそれのある者その他当該処分又は裁決の無効等の確認を求めるにつき法律上の利益を有する者で、当該処分若しくは裁決の存否又はその効力の有無を前提とする現在の法律関係に関する訴えによって目的を達することができないものに限り、提起することができる。」と定めます。

どういうことかといいますと、処分が無効であれば、一切の法効果は生じないはずです。とすれば、処分無効を前提とした、現在の法律関係に関する訴訟を通じて紛争を解決すれば済むということになります（補充性要件。大橋Ⅱ二一三頁）。

現在の法律関係に関する訴訟

補充性要件

ウ　右の現在の法律関係に関する訴訟には、二つのものがあります。

私法上の法律関係

争点訴訟

第一に、私法上の法律関係については、争点訴訟を提起することが可能です（行訴四五条）。これは、例えば、Aの所有する農地が国に買収され、次に、それが国によってBに売り渡されたが、Aは当該買収処分を無効と考えている場合に、AがBを被告として提起する、所有権確認訴訟（民事訴訟）のようなものを指します。この訴訟においては、処分の効力の有無が先決問題として争点となるため、「争点訴訟」と呼ばれます。

公法上の法律関係

公法上の当事者訴訟

第二に、公法上の法律関係については、公法上の当事者訴訟を提起することができます（行訴四条後段）。これは、例えば、公務員Aが、任命権者Bから懲戒免職処分を受けたが、Aは当該免職処分は無効と考えている場合に、任命権者Bの属する国又は地方公共団体を被告として提起する地位確認訴訟（行政事件訴訟）のようなものを指します。この訴訟においては、公務員の勤務関係は、伝統的に公法上の法律関係と解されています（中原三八〇頁）。

エ　ただし、最高裁の判例は、右の補充性要件を厳格に解する立場はとっていないと考えられます（宇賀Ⅱ三一三頁）。無効等確認訴訟の提起を認めた方が、より直截的で適

土地改良事業照応の原則

切な争訟形態である場合には、その提起を認めています（最判昭六二・四・一七民集四一・三・二八六）。（注）

（注）右最高裁判決は、「土地改良事業の施行に伴い土地改良区から換地処分を受けた者が、右換地処分は照応の原則に違反し無効であると主張してこれを争おうとするときは、行政事件訴訟法三六条により右換地処分の無効確認を求める訴えを提起することができるものと解するのが相当である。」と判示した。

六－二－二㈢

不作為の違法確認訴訟

㈢　不作為の違法確認訴訟

ア　不作為の違法確認訴訟とは、法令に基づく申請に対し、行政庁が相当の期間内に何らかの処分又は裁決をすべきであるにもかかわらず、これをしないことについて違法の確認を求める訴訟をいいます（行訴三条五項）。

この訴訟について原告適格が認められるのは、処分又は裁決について申請をした者です（行訴三七条）。

標準処理期間

イ　この訴訟において第一に問題となるのは、果たして、申請から相当期間が経過したといえるか否かという点です。ここで、行政手続法六条が定める標準処理期間が有力な判断材料となると考えられます（四－一－三㈢参照）。ただし、標準処理期間を経過すれば直ちに違法となるとは考え難く、標準処理期間を超えていることについて、正当な

法令に基づく申請

理由が存在するか否かの点が問題となると解されます（大橋Ⅱ二四一頁）。

ウ　第二に問題となるのは、法令に基づく申請に当たるか否かという点です。有力説によれば、ここでいう「法令に基づく申請」に当たるために、申請権が法令の明文で規定されていることは必ずしも要求されないと解しています（宇賀Ⅱ三三五頁）。

その例として、固定資産評価証明書交付申請は、それを根拠付ける明文がなくとも、地方税法上の制度として認められていることから、法令による申請と認めた下級審判決があります（京都地判昭五〇・三・一四判時七八五・五五）。

他方、国土調査法一七条二項に基づく申出は、職権の発動を促すものにすぎないため、国土調査を行ったものは、当該申出をした者に対し回答する義務を負わず、当該申出は、ここでいう法令に基づく申請には当たらないとした最高裁判決があります（最判平三・三・一九判時一四〇一・四〇）。**（注）**

エ　また、当該訴訟において、仮に原告勝訴判決が出されたとしても、被告行政庁としては、何らかの応答をすれば足りるため（行三八条一項・三三条）、拒否処分を出すことも許されると考えられ、実質的な救済に結び付かないと考えられます（大橋Ⅱ二四一頁）。

（注）　右最高裁判決は、「国土調査法一七条二項に基づく申出は、国土調査を行った者に対し、地図及び簿冊に測量若しくは調査上の誤り又は所定の誤差があることを指摘

し、地図及び簿冊を修正するように職権の発動を促すものにすぎず、国土調査を行った者は、右申出をした者に対し何らかの応答をする法令上の義務を負うものではないと解するのが相当である。上告人がした地図及び簿冊に関する本件更正の申立てが右規定による申出であるとしても、右申立てに対する被上告人の回答は、法令に根拠のない事実上の応答にすぎず、上告人の権利義務ないし法律上の地位に直接影響を及ぼすものと解することはできない。したがって、被上告人がした右申立てを容れない旨の回答は抗告訴訟の対象となる行政処分に当たらず、本件訴えは不適法であるとした原審の判断は、正当として是認することができ、原判決に所論の違法はない。」と判示した。

六－二－二㈣
義務付け訴訟

㈣　義務付け訴訟（その一　申請型義務付け訴訟）

ア　義務付け訴訟は、平成一六年（二〇〇四年）に行政事件訴訟法で初めて認められた訴訟類型です。義務付け訴訟にも、二つの類型があります。申請型義務付け訴訟と非申請型義務付け訴訟です。

申請型義務付け訴訟

イ　申請型義務付け訴訟とは、私人が、行政庁に対し処分又は裁決を求める権利（申請権）があることを前提として、申請が拒否されたり、あるいは不作為状態が続いている場合に、被告とされる国又は地方公共団体に対し、申請を認容することを求める訴訟をいいます（行訴三条六項二号・三七条の三）。

例えば、農地の所有者Aが、買主である農業者Bに対し、耕作目的で農地の所有権を移転する旨の合意を行い、C市農業委員会に対して三条許可申請を行ったが、C市農業委員会が不許可処分（拒否処分）を行ったとします。この場合、Bは、行政主体であるC市を被告として、三条許可処分を義務付ける訴訟を、地方裁判所（ただし、いわゆる本庁に限られます。）に提起することができます（行訴三七条の三第一項二号・第二項）。ただし、Bとしては、義務付けの訴えのみを提起することだけでは済まされず、C市農業委員会の行った三条不許可処分の取消訴訟又は無効等確認訴訟も併合提起する必要があります（行訴三七条第三項二号）。

原告本案勝訴要件

ウ　原告本案勝訴要件は、行政事件訴訟三七条の三第五項に明記されています。

第一に、併合提起された訴訟（例えば、不許可処分取消訴訟）に関し、その請求理由があると認められることです。右の例でいえば、C市農業委員会の行った三条不許可処分が違法であって、取り消されるべきものであると認められることです。

訴訟要件

ここで、併合提起された訴訟が認容されることは、原告本案勝訴要件であると解する立場が学説上の多数説とされているようです（大橋Ⅱ二三七頁、宇賀Ⅱ三三八頁）。

しかし、裁判例をみる限り、これを訴訟要件と解し、併合提起された訴訟が棄却されるときは、義務付け訴訟を却下するとしたものが多いようです（大阪高判平二一・九・九判時二一〇八・二一、東京高判平二三・九・二九判時二一四二・三）。**(注)**

覊束行為
裁量行為

原告本案勝訴要件の第二は、行政庁が処分若しくは裁決をすべきことが根拠法令から明らかであること（覊束行為）又は処分若しくは裁決をしないことが裁量権の逸脱・濫用となると認められること（裁量行為）です（二-二-一㈣参照）。

右の例でいえば、C市農業委員会としては、求められた処分（三条許可処分）をすべきであることが、処分の根拠法である農地法三条の規定から明らかであると認められるか、又はC市農業委員会が、求められた処分（三条許可処分）をしないことが行政裁量権の逸脱若しくは濫用となると認められるときは、裁判所は、被告C市に対し、A・Bの三条許可申請に対して三条許可処分を行うことを義務付ける判決を出すことができます。

給付判決

エ　裁判所が被告に対し義務付け判決を下した場合、行政庁は、判決主文で命ぜられた処分を行わなければなりません。よって、義務付け判決は、給付判決に該当すると解されます（大橋Ⅱ二三九頁）。

（注）　東京高裁平成二三年九月二九日判決は、次のように述べて、行政事件訴訟法三七条の三第一項のいずれにも該当しない申請型義務付け訴訟は、不適法であって却下されるという立場を示している。すなわち、「本件各義務付けを求める訴えは、行政庁に対し本件各文書一及び二を開示する旨の処分を求める旨の情報公開法に基づく開示請求がされた場合において、当該行政庁がその開示をすべきにもかかわらずこれがされないと

して、その開示処分をすべき旨を命ずることを求める訴訟である（行訴法三条六項二号）ところ、かかる申請型義務付けの訴えは、行訴法三七条の三第一項に定める要件のいずれかに該当するときに限り、提起することができるものである。しかるに、上記のとおり、被控訴人らがした本件各文書一及び二の開示を求める請求に対しては、本件各処分がされ、かつ、本件各処分はいずれも適法であって、取り消されるべきものに当たらないから、本件各義務付けを求める訴えは、いずれも行訴法三七条の三第一項の要件のいずれにも該当せず、不適法というべきである。」と判示した。

六－二－二㈤

㈤　義務付け訴訟（その二　非申請型義務付け訴訟）

非申請型義務付け訴訟

ア　非申請型義務付け訴訟は、主に、規制権限（処分権限）を有する行政庁が、規制対象とされる相手方に対し規制権限を発動しようとしない場合に、規制対象とされる相手方（処分の名宛人）以外の第三者から、当該規制権限の発動を求めて提起されるものを指します（行訴三七条の二第一項）。

重大な損害要件・補充性要件

イ　非申請型義務付け訴訟の要件は、「一定の処分がされないことにより重大な損害を生ずるおそれがあり、かつ、その損害を避けるため他に適当な方法がない」ことです（重大な損害要件・補充性要件。行訴三七条の二第一項）。また、それに加え、「行政庁が一定の処分をすべき旨を命ずることを求めるにつき法律上の利益を有する者」であること

法律上の利益の要件

が必要です（法律上の利益の要件。同条三項）。

ウ　非申請型義務付け訴訟の原告本案勝訴要件は、行政事件訴訟法三七条の二第五項に示されています。すなわち、行政庁が処分をすべきことが根拠法令から明らかであること（羈束行為）又は処分をしないことが裁量権の逸脱・濫用となると認められること（裁量行為）です（この点は、前記の申請型義務付け訴訟と共通しています。）。

なお、非申請型義務付け訴訟においては、裁決にかかる義務付け訴訟は法定されていません。裁決は、審査請求において、法律に定められた手続を踏んで行われる行政庁の裁断行為であり、裁判所が、右手続を経ることなく、審査庁に対し一定の裁決をすることを命じることは、不服申立ての制度の本質に反することになると考えられるためです（救済三一七頁）。

六－二－三

三　判決の種類とその効力

六－二－三(一)

(一)　判決の種類

取消訴訟における判決の種類は、却下、棄却及び認容の三つです。ただし、その例外として、事情判決というものがあります（行訴三一条）。

事情判決

却下判決

ア　却下判決は、右に述べた訴訟要件を欠いた場合に言い渡されます。例えば、処分の取消しに関し何等の法律上の利益を有しない者が、処分の取消訴訟を提起しても、その訴えは却下されます。

棄却判決

イ　棄却判決は、訴えに理由がない場合に言い渡されます。つまり、問題とされた処分に関し、当該処分を取り消すに足る違法性が認められない場合ということができます。却下判決及び棄却判決の場合は、原告敗訴という結果になります。

認容判決
取消判決

ウ　認容判決は、訴えに理由がある場合に言い渡されます。認容判決は、通常は、取消判決と呼ばれることが多いといえます。この場合は、原告勝訴ということになります。

六ー二ー三㈡

㈡　判決の効力

判決の効力には、次に述べるとおり、いろいろなものがあります。

既判力

ア　既判力とは、取消訴訟の判決が確定した場合に、裁判所が判決で示した事項については、再び裁判所で判断を行わないという効力です（行訴七条、民訴一一四条）。

形成力

イ　取消判決が確定しますと、処分は、処分時に遡及して効力を失います。これを形成力といいます。例えば、三条許可取消処分が、判決で取り消されると、最初から三条許可取消処分はなかったことになります。

第三者効

ウ　行訴法三二条一項は、「処分又は裁決を取り消す判決は、第三者に対しても効力を有する。」と定めています。これを第三者効といいます。先にあげた例でいえば、農地の売主Aは、ここでいう第三者に該当し、取消判決の効力はAにも及びます（六－二－二㈣参照）。

拘束力

エ　行訴法三三条一項は、「処分又は裁決を取り消す判決は、その事件について、処分又は裁決をした行政庁その他の関係行政庁を拘束する。」と定めます。これを拘束力といいます。これによって、行政庁は、取消判決の対象となった処分と同一の処分を繰り返すことが許されなくなります。

また、同条二項は、行政庁は、判決の趣旨に従い、改めて申請に対する処分をしなければならないと定めます。

例えば、農地の所有者DがE県知事に対し転用許可申請をしたにもかかわらず、E県知事から不許可処分を受け、それが判決で違法とされて取り消された場合、先に述べた形成力によって申請者Dの転用許可申請が残る状態になります。そこで、転用許可権者であるE県知事としては、判決の趣旨に従い、あらためてDの転用許可申請に対する処分（許可処分）を行う必要があります。

資料

○農地法（抄）

昭和二七年七月一五日法律第二二九号
最終改正　平成三〇年五月一八日法律第二三号

（目的）

第一条　この法律は、国内の農業生産の基盤である農地が現在及び将来における国民のための限られた資源であり、かつ、地域における貴重な資源であることにかんがみ、耕作者自らによる農地の所有が果たしてきている重要な役割も踏まえつつ、農地を農地以外のものにすることを規制するとともに、農地を効率的に利用する耕作者による地域との調和に配慮した農地についての権利の取得を促進し、及び農地の利用関係を調整し、並びに農地の農業上の利用を確保するための措置を講ずることにより、耕作者の地位の安定と国内の農業生産の増大を図り、もつて国民に対する食料の安定供給の確保に資することを目的とする。

（定義）

第二条　この法律で「農地」とは、耕作の目的に供される土地をいい、「採草放牧地」とは、農地以外の土地で、主として耕作又は養畜の事業のための採草又は家畜の放牧の目的に供されるものをいう。

2　この法律で「世帯員等」とは、住居及び生計を一にする親族（次に掲げる事由により一時的に住居又は生計を異にしている親族を含む。）並びに当該親族の行う耕作又は養畜の事業に従事するその他の二親等内の親族をいう。

一　疾病又は負傷による療養

二　就学

三　公選による公職への就任

四　その他農林水産省令で定める事由

3　この法律で「農地所有適格法人」とは、農事組合法人、株式会社（公開会社（会社法（平成十七年法律第八十六号）第二条第五号に規定する公開会社をいう。）でないものに限る。以下同じ。）又は持分会社（同法第五百七十五条第一項に規定する持分会社をいう。以下同じ。）で、次に掲げる要件の全てを満たしているものをいう。

一　その法人の主たる事業が農業（その行う農業に関連する事業であつて農畜産物を原料又は材料として使用する製造又は加工その他農林水産省令で定めるもの、農業と併せ行う林業及び農事組合法人にあつては農業と併せ行う農業協同組合法（昭和二十二年法律第百三十二号）第七十二条の十第一項第一号の事業を含む。以下この項において同じ。）であること。

二　その法人が、株式会社にあつては次に掲げる者に該当する株主の有する議決権の合計が総株主の議決権の過半を、持分会社にあつては次に掲げる者に該当する社員の数が社員の総数の過半を占めているものであること。

イ　その法人に農地若しくは採草放牧地について所有権若しくは使用収益権（地上権、永小作権、使用貸借による権利又は賃借権をいう。以下同じ。）を移転した個人（その法人の株主又は社員となる前にこれらの権利をその法人に移転した者のうち、その移転後農林水産省令で定める一定期間内に株主又は社員となり、引き続き株主又は社員となつている個人以外のものを除く。）又はその一般承継人（農林水産省令で定めるものに限る。）

ロ　その法人に農地又は採草放牧地について使用収益権に基づく使用及び収益をさせている個人

ハ　その法人に使用及び収益をさせるため農地又は採草放牧地について所有権の移転又は使用収益権の設定若しくは移転に関し第三条第一項の許可を申請している個人（当該申請に対する許可があり、近くその許可に係る農地又は採草放牧地についてその法人に所有権を移転し、又は使用収益権を設定し、若しくは移転することが確実と認められる個人を含む。）

ニ　その法人に農地又は採草放牧地について使用貸借による権利又は賃借権に基づく使用及び収益をさせている農地利用集積円滑化団体（農業経営基盤強化促進法（昭和五十五年法律第六十五号）第十一条の十四に規定する農地利用集積円滑化団体をいう。以下同じ。）又は農地中間管理機構（農地中間管理事業の推進に関する法律（平成二十五年法律第百一号）第二条第四項に規定する農地中間管理機構をいう。以下同じ。）に当該農地又は採草放牧地について使用貸借による権利又は賃借権を設定している個人

ホ　その法人の行う農業に常時従事する者（前項各号に掲げる事由により一時的にその法人の行う農業に常時従事することができない者で当該事由がなくなれば常時従事することとなると農業委員会が認めたもの及び農林水産省令で定める一定期間内にその法人の行う農業に常時従事することとなることが確実と認められる者を含む。以下「常時従事者」という。）

ヘ　その法人に農作業（農林水産省令で定めるものに限る。）の委託を行つている個人

ト　その法人に農業経営基盤強化促進法第七条第三号に掲げる事業に係る現物出資を行つた農地中間管理機構

チ　地方公共団体、農業協同組合又は農業協同組合連合会

三　その法人の常時従事者たる構成員（農事組合法人にあつては組合員、株式会社にあつては株主、持分会社にあつては社員をいう。以下同じ。）が理事等（農事組合法人にあつては理事、株式会社にあつては取締役、持分会社にあつては業務を執行する社員をいう。次号において同じ。）の数の過半を占めていること。

四　その法人の理事等又は農林水産省令で定める使用人（いずれも常時従事者に限る。）のうち、一人以上の者がその法人の行う農業に必要な農作業に一年間に農林水産省令で定める日数以上従事すると認められるものであること。

4　前項第二号ホに規定する常時従事者であるかどうかを判定すべき基準は、農林水産省令で定める。

（農地について権利を有する者の責務）

第二条の二　農地について所有権又は賃借権その他の使用及び収益を目的とする権利を有する者は、当該農地の農業上の適正かつ効率的な利用を確保するようにしなければならない。

（農地又は採草放牧地の権利移動の制限）

第三条　農地又は採草放牧地について所有権を移転し、又は地上権、永小作権、質権、使用貸借による権利、賃借権若しくはその他の使用及び収益を目的とする権利を設定し、若しくは移転する場合には、政令で定めるところにより、当事者が農業委員会の許可を受けなければならない。ただし、次の各号のいずれかに該当する場合及び第五条第一項本文に規定する場合は、この限りでない。

一　第四十六条第一項又は第四十七条の規定によつて所有権が移転される場合

二　削除

三　第三十七条から第四十条までの規定によつて農地中間管理権（農地中間管理事業の推進に関する法律第二条第五項に規定する農地中間管理権をいう。以下同じ。）が設定される場合

四　第四十一条の規定によつて同条第一項に規定する利用権が設定される場合

五　これらの権利を取得する者が国又は都道府県である場合

六　土地改良法（昭和二十四年法律第百九十五号）、農業振興地域の整備に関する法律（昭和四十四年法律第五十八号）、集落地域整備法（昭和六十二年法律第六十三号）

又は市民農園整備促進法（平成二年法律第四十四号）による交換分合によつてこれらの権利が設定され、又は移転される場合

七　農業経営基盤強化促進法第十九条の規定による公告があつた農用地利用集積計画の定めるところによつて同法第四条第四項第一号の権利が設定され、又は移転される場合

七の二　農地中間管理事業の推進に関する法律第十八条第五項の規定による公告があつた農用地利用配分計画の定めるところによつて賃借権又は使用貸借による権利が設定され、又は移転される場合

八　特定農山村地域における農林業等の活性化のための基盤整備の促進に関する法律（平成五年法律第七十二号）第九条第一項の規定による公告があつた所有権移転等促進計画の定めるところによつて同法第二条第三項第三号の権利が設定され、又は移転される場合

九　農山漁村の活性化のための定住等及び地域間交流の促進に関する法律（平成十九年法律第四十八号）第八条第一項の規定による公告があつた所有権移転等促進計画の定めるところによつて同法第五条第八項の権利が設定され、又は移転される場合

九の二　農林漁業の健全な発展と調和のとれた再生可能エネルギー電気の発電の促進に関する法律（平成二十五年法律第八十一号）第十七条の規定による公告があつた所有権移転等促進計画の定めるところによつて同法第五条第四項の権利が設定され、又は移転される場合

十　民事調停法（昭和二十六年法律第二百二十二号）による農事調停によつてこれらの権利が設定され、又は移転される場合

十一　土地収用法（昭和二十六年法律第二百十九号）その他の法律によつて農地若しくは採草放牧地又はこれらに関する権利が収用され、又は使用される場合

十二　遺産の分割、民法（明治二十九年法律第八十九号）第七百六十八条第二項（同法第七百四十九条及び第七百七十一条において準用する場合を含む。）の規定による財産の分与に関する裁判若しくは調停又は同法第九百五十八条の三の規定による相続財産の分与に関する裁判によつてこれらの権利が設定され、又は移転される場合

十三　農地利用集積円滑化団体又は農地中間管理機構が、農林水産省令で定めるところによりあらかじめ農業委員会に届け出て、農地売買等事業（農業経営基盤強化促進法第四条第三項第一号ロに掲げる事業をいう。以下同

じ。）又は同法第七条第一号に掲げる事業の実施により
これらの権利を取得する場合
十四　農業協同組合法第十条第三項の信託の引受けの事業又は農業経営基盤強化促進法第七条第二号に掲げる事業（以下これらを「信託事業」という。）を行う農業協同組合又は農地中間管理機構が信託事業による信託の引受けにより所有権を取得する場合及び当該信託の終了によりその委託者又はその一般承継人が所有権を取得する場合
十四の二　農地中間管理機構が、農林水産省令で定めるところによりあらかじめ農業委員会に届け出て、農地中間管理事業（農地中間管理事業の推進に関する法律第二条第三項に規定する農地中間管理事業をいう。以下同じ。）の実施により農地中間管理権を取得する場合
十四の三　農地中間管理機構が引き受けた農地貸付信託（農地中間管理事業の推進に関する法律第二条第五項第二号に規定する農地貸付信託をいう。）の終了によりその委託者又はその一般承継人が所有権を取得する場合
十五　地方自治法（昭和二十二年法律第六十七号）第二百五十二条の十九第一項の指定都市（以下単に「指定都市」という。）が古都における歴史的風土の保存に関する特別措置法（昭和四十一年法律第一号）第十九条の規定に基づいてする同法第十一条第一項の規定による買入れによつて所有権を取得する場合
十六　その他農林水産省令で定める場合
2　前項の許可は、次の各号のいずれかに該当する場合には、することができない。ただし、民法第二百六十九条の二第一項の地上権又はこれと内容を同じくするその他の権利が設定され、又は移転されるとき、農業協同組合法第十条第二項に規定する事業を行う農業協同組合又は農業協同組合連合会が農地又は採草放牧地の所有者から同項の委託を受けることにより第一号に掲げる権利が取得されることとなるとき、同法第十一条の五十第一項第一号に掲げる場合において農業協同組合又は農業協同組合連合会が使用貸借による権利又は賃借権を取得するとき、並びに第一号、第二号、第四号及び第五号に掲げる場合において政令で定める相当の事由があるときは、この限りでない。
一　所有権、地上権、永小作権、質権、使用貸借による権利、賃借権若しくはその他の使用及び収益を目的とする権利を取得しようとする者又はその世帯員等の耕作又は養畜の事業に必要な機械の所有の状況、農作業に従事する者の数等からみて、これらの者がその取得後において耕作又は養畜の事業に供すべき農地及び採草放牧地の全

てを効率的に利用して耕作又は養畜の事業を行うと認められない場合
二　農地所有適格法人以外の法人が前号に掲げる権利を取得しようとする場合
三　信託の引受けにより第一号に掲げる権利が取得される場合
四　第一号に掲げる権利を取得しようとする者（農地所有適格法人を除く。）又はその世帯員等がその取得後において行う耕作又は養畜の事業に必要な農作業に常時従事すると認められない場合
五　第一号に掲げる権利を取得しようとする者又はその世帯員等がその取得後において耕作の事業に供すべき農地の面積の合計及びその取得後において耕作又は養畜の事業に供すべき採草放牧地の面積の合計が、いずれも、北海道では二ヘクタール、都府県では五十アール（農業委員会が、農林水産省令で定める基準に従い、市町村の区域の全部又は一部についてこれらの面積の範囲内で別段の面積を定め、農林水産省令で定めるところにより、これを公示したときは、その面積）に達しない場合
六　農地又は採草放牧地につき所有権以外の権原に基づいて耕作又は養畜の事業を行う者がその土地を貸し付け、又は質入れしようとする場合（当該事業を行う者又はその世帯員等の死亡又は第二条第二項各号に掲げる事由によりその土地について耕作、採草又は家畜の放牧をすることができないため一時貸し付けようとする場合、当該事業を行う者がその土地をその世帯員等に貸し付けようとする場合、農地利用集積円滑化団体がその土地を農地売買等事業の実施により貸し付けようとする場合、その土地を水田裏作（田において稲を通常栽培する期間以外の期間稲以外の作物を栽培することをいう。以下同じ。）の目的に供するため貸し付けようとする場合及び農地所有適格法人の常時従事者たる構成員がその土地をその法人に貸し付けようとする場合を除く。）
七　第一号に掲げる権利を取得しようとする者又はその世帯員等がその取得後において行う耕作又は養畜の事業の内容並びにその農地又は採草放牧地の位置及び規模からみて、農地の集団化、農作業の効率化その他周辺の地域における農地又は採草放牧地の農業上の効率的かつ総合的な利用の確保に支障を生ずるおそれがあると認められる場合
3　農業委員会は、農地又は採草放牧地について使用貸借による権利又は賃借権が設定される場合において、次に掲げ

る要件の全てを満たすときは、前項（第二号及び第四号に係る部分に限る。）の規定にかかわらず、第一項の許可をすることができる。

一　これらの権利を取得しようとする者がその取得後においてその農地又は採草放牧地を適正に利用していないと認められる場合に使用貸借又は賃貸借の解除をする旨の条件が書面による契約において付されていること。

二　これらの権利を取得しようとする者が地域の農業における他の農業者との適切な役割分担の下に継続的かつ安定的に農業経営を行うと見込まれること。

三　これらの権利を取得しようとする者が法人である場合にあつては、その法人の業務を執行する役員又は農林水産省令で定める使用人（次条第一項第三号において「業務執行役員等」という。）のうち、一人以上の者がその法人の行う耕作又は養畜の事業に常時従事すると認められること。

4　農業委員会は、前項の規定により第一項の許可をしようとするときは、あらかじめ、その旨を市町村長に通知するものとする。この場合において、当該通知を受けた市町村長は、市町村の区域における農地又は採草放牧地の農業上の適正かつ総合的な利用を確保する見地から必要があると認めるときは、意見を述べることができる。

5　第一項の許可は、条件をつけてすることができる。

6　農業委員会は、第三項の規定により第一項の許可をする場合には、当該許可を受けて農地又は採草放牧地について使用貸借による権利又は賃借権の設定を受けた者が、農林水産省令で定めるところにより、毎年、その農地又は採草放牧地の利用の状況について、農業委員会に報告しなければならない旨の条件を付けるものとする。

7　第一項の許可を受けないでした行為は、その効力を生じない。

（農地又は採草放牧地の権利移動の許可の取消し等）

第三条の二　農業委員会は、次の各号のいずれかに該当する場合には、農地又は採草放牧地について使用貸借による権利又は賃借権の設定を受けた者（前条第三項の規定の適用を受けて同条第一項の許可を受けた者に限る。次項第一号において同じ。）に対し、相当の期限を定めて、必要な措置を講ずべきことを勧告することができる。

一　その者がその農地又は採草放牧地において行う耕作又は養畜の事業により、周辺の地域における農地又は採草放牧地の農業上の効率的かつ総合的な利用の確保に支障が生じている場合

二　その者が地域の農業における他の農業者との適切な役割分担の下に継続的かつ安定的に農業経営を行つていないと認める場合

三　その者が法人である場合にあつては、その法人の業務執行役員等のいずれもがその法人の行う耕作又は養畜の事業に常時従事していないと認める場合

2　農業委員会は、次の各号のいずれかに該当する場合には、前条第三項の規定によりした同条第一項の許可を取り消さなければならない。

一　農地又は採草放牧地について使用貸借による権利又は賃借権の設定を受けた者がその農地又は採草放牧地を適正に利用していないと認められるにもかかわらず、当該使用貸借による権利又は賃借権を設定した者が使用貸借又は賃貸借の解除をしないとき。

二　前項の規定による勧告を受けた者がその勧告に従わなかつたとき。

3　農業委員会は、前条第三項第一号に規定する条件に基づき使用貸借若しくは賃貸借が解除された場合又は前項の規定による許可の取消しがあつた場合において、その農地又は採草放牧地の適正かつ効率的な利用が図られないおそれがあると認めるときは、当該農地又は採草放牧地の所有者に対し、当該農地又は採草放牧地についての所有権の移転又は使用及び収益を目的とする権利の設定のあつせんその他の必要な措置を講ずるものとする。

（農地又は採草放牧地についての権利取得の届出）

第三条の三　農地又は採草放牧地について第三条第一項本文に掲げる権利を取得した者は、同項の許可を受けてこれらの権利を取得した場合、同項各号（第十二号及び第十六号を除く。）のいずれかに該当する場合その他農林水産省令で定める場合を除き、遅滞なく、農林水産省令で定めるところにより、その農地又は採草放牧地の存する市町村の農業委員会にその旨を届け出なければならない。

（農地の転用の制限）

第四条　農地を農地以外のものにする者は、都道府県知事（農地又は採草放牧地の農業上の効率的かつ総合的な利用の確保に関する施策の実施状況を考慮して農林水産大臣が指定する市町村（以下「指定市町村」という。）の区域内にあつては、指定市町村の長。以下「都道府県知事等」という。）の許可を受けなければならない。ただし、次の各号のいずれかに該当する場合は、この限りでない。

一　次条第一項の許可に係る農地をその許可に係る目的に供する場合

二　国又は都道府県等（都道府県又は指定市町村をいう。以下同じ。）が、道路、農業用用排水施設その他の地域振興上又は農業振興上の必要性が高いと認められる施設であつて農林水産省令で定めるものの用に供するため、農地を農地以外のものにする場合
三　農業経営基盤強化促進法第十九条の規定による公告があつた農用地利用集積計画の定めるところによつて設定され、又は移転された同法第四条第四項第一号の権利に係る農地を当該農用地利用集積計画に定める利用目的に供する場合
四　特定農山村地域における農林業等の活性化のための基盤整備の促進に関する法律第九条第一項の規定による公告があつた所有権移転等促進計画の定めるところによつて設定され、又は移転された同法第二条第三項第三号の権利に係る農地を当該所有権移転等促進計画に定める利用目的に供する場合
五　農山漁村の活性化のための定住等及び地域間交流の促進に関する法律第八条第一項の規定による公告があつた所有権移転等促進計画の定めるところによつて設定され、又は移転された同法第五条第八項の権利に係る農地を当該所有権移転等促進計画に定める利用目的に供する場合
六　土地収用法その他の法律によつて収用し、又は使用した農地をその収用又は使用に係る目的に供する場合
七　市街化区域（都市計画法（昭和四十三年法律第百号）第七条第一項の市街化区域と定められた区域（同法第二十三条第一項の規定による協議を要する場合にあつては、当該協議が調つたものに限る。）をいう。）内にある農地を、政令で定めるところによりあらかじめ農業委員会に届け出て、農地以外のものにする場合
八　その他農林水産省令で定める場合

2　前項の許可を受けようとする者は、農林水産省令で定めるところにより、農林水産省令で定める事項を記載した申請書を、農業委員会を経由して、都道府県知事等に提出しなければならない。

3　農業委員会は、前項の規定により申請書の提出があつたときは、農林水産省令で定める期間内に、当該申請書に意見を付して、都道府県知事等に送付しなければならない。

4　農業委員会は、前項の規定により意見を述べようとするとき（同項の申請書が同一の事業の目的に供するため三十アールを超える農地を農地以外のものにする行為に係るものであるときに限る。）は、あらかじめ、農業委員会等に

関する法律（昭和二十六年法律第八十八号）第四十三条第一項に規定する都道府県機構（以下「都道府県機構」という。）の意見を聴かなければならない。ただし、同法第四十二条第一項の規定による都道府県知事の指定がされていない場合は、この限りでない。

5　前項に規定するもののほか、農業委員会は、第三項の規定により意見を述べるため必要があると認めるときは、都道府県機構の意見を聴くことができる。

6　第一項の許可は、次の各号のいずれかに該当する場合には、することができない。ただし、第一号及び第二号に掲げる場合において、土地収用法第二十六条第一項の規定による告示（他の法律の規定による告示又は公告で同項の規定による告示とみなされるものを含む。次条第二項において同じ。）に係る事業の用に供するため農地を農地以外のものにしようとするとき、第一号イに掲げる農地を農業振興地域の整備に関する法律第八条第四項に規定する農用地利用計画（以下単に「農用地利用計画」という。）において指定された用途に供するため農地以外のものにしようとするときその他政令で定める相当の事由があるときは、この限りでない。

一　次に掲げる農地を農地以外のものにしようとする場合

イ　農用地区域（農業振興地域の整備に関する法律第八条第二項第一号に規定する農用地区域をいう。以下同じ。）内にある農地

ロ　イに掲げる農地以外の農地で、集団的に存在する農地その他の良好な営農条件を備えている農地として政令で定めるもの（市街化調整区域（都市計画法第七条第一項の市街化調整区域をいう。以下同じ。）内にある政令で定める農地以外の農地にあつては、次に掲げる農地を除く。）

(1)　市街地の区域内又は市街地化の傾向が著しい区域内にある農地で政令で定めるもの

(2)　(1)の区域に近接する区域その他市街地化が見込まれる区域内にある農地で政令で定めるもの

二　前号イ及びロに掲げる農地（同号ロ(1)に掲げる農地を含む。）以外の農地を農地以外のものにしようとする場合において、申請に係る農地に代えて周辺の他の土地を供することにより当該申請に係る事業の目的を達成することができると認められるとき。

三　申請者に申請に係る農地を農地以外のものにする行為を行うために必要な資力及び信用があると認められないこと、申請に係る農地を農地以外のものにする行為の妨

げとなる権利を有する者の同意を得ていないことその他農林水産省令で定める事由により、申請に係る農地の全てを住宅の用、事業の用に供する施設の用その他の当該申請に係る用途に供することが確実と認められない場合

四　申請に係る農地を農地以外のものにすることにより、土砂の流出又は崩壊その他の災害を発生させるおそれがあると認められる場合、農業用用排水施設の有する機能に支障を及ぼすおそれがあると認められる場合その他の周辺の農地に係る営農条件に支障を生ずるおそれがあると認められる場合

五　仮設工作物の設置その他の一時的な利用に供するため農地を農地以外のものにしようとする場合において、その利用に供された後にその土地が耕作の目的に供されることが確実と認められないとき。

7　第一項の許可は、条件を付けてすることができる。

8　国又は都道府県等が農地を農地以外のものにしようとする場合（第一項各号のいずれかに該当する場合を除く。）においては、国又は都道府県等と都道府県知事等との協議が成立することをもつて同項の許可があつたものとみなす。

9　都道府県知事等は、前項の協議を成立させようとするときは、あらかじめ、農業委員会の意見を聴かなければならない。

10　第四項及び第五項の規定は、農業委員会が前項の規定により意見を述べようとする場合について準用する。

11　第一項に規定するもののほか、指定市町村の指定及びその取消しに関し必要な事項は、政令で定める。

（農地又は採草放牧地の転用のための権利移動の制限）

第五条　農地を農地以外のものにするため又は採草放牧地を採草放牧地以外のもの（農地を除く。次項及び第四項において同じ。）にするため、これらの土地について第三条第一項本文に掲げる権利を設定し、又は移転する場合には、当事者が都道府県知事等の許可を受けなければならない。ただし、次の各号のいずれかに該当する場合は、この限りでない。

一　国又は都道府県等が、前条第一項第二号の農林水産省令で定める施設の用に供するため、これらの権利を取得する場合

二　農地又は採草放牧地を農業経営基盤強化促進法第十九条の規定による公告があつた農用地利用集積計画に定める利用目的に供するため当該農用地利用集積計画の定めるところによつて同法第四条第四項第一号の権利が設定

され、又は移転される場合

三　農地又は採草放牧地を特定農山村地域における農林業等の活性化のための基盤整備の促進に関する法律第九条第一項の規定による公告があつた所有権移転等促進計画に定める利用目的に供するため当該所有権移転等促進計画の定めるところによつて同法第二条第三項第三号の権利が設定され、又は移転される場合

四　農地又は採草放牧地を農山漁村の活性化のための定住等及び地域間交流の促進に関する法律第八条第一項の規定による公告があつた所有権移転等促進計画に定める利用目的に供するため当該所有権移転等促進計画の定めるところによつて同法第五条第八項の権利が設定され、又は移転される場合

五　土地収用法その他の法律によつて農地若しくは採草放牧地又はこれらに関する権利が収用され、又は使用される場合

六　前条第一項第七号に規定する市街化区域内にある農地又は採草放牧地につき、政令で定めるところによりあらかじめ農業委員会に届け出て、農地及び採草放牧地以外のものにするためこれらの権利を取得する場合

七　その他農林水産省令で定める場合

2　前項の許可は、次の各号のいずれかに該当する場合には、することができない。ただし、第一号及び第二号に掲げる場合において、土地収用法第二十六条第一項の規定による告示に係る事業の用に供するため第三条第一項本文に掲げる権利を取得しようとするとき、第一号イに掲げる農地又は採草放牧地につき農用地利用計画において指定された用途に供するためこれらの権利を取得しようとするときその他政令で定める相当の事由があるときは、この限りでない。

一　次に掲げる農地又は採草放牧地につき第三条第一項本文に掲げる権利を取得しようとする場合

イ　農用地区域内にある農地又は採草放牧地

ロ　イに掲げる農地又は採草放牧地以外の農地又は採草放牧地で、集団的に存在する農地又は採草放牧地その他の良好な営農条件を備えている農地又は採草放牧地として政令で定めるもの（市街化調整区域内にある政令で定める農地又は採草放牧地以外の農地又は採草放牧地にあつては、次に掲げる農地又は採草放牧地を除く。）

(1)　市街地の区域内又は市街地化の傾向が著しい区域内にある農地又は採草放牧地で政令で定めるもの

(2) (1)の区域に近接する区域その他市街地化が見込まれる区域内にある農地又は採草放牧地で政令で定めるもの

二　前号イ及びロに掲げる農地（同号ロ(1)に掲げる農地を含む。）以外の農地を農地以外のものにするため第三条第一項本文に掲げる権利を取得しようとする場合又は同号イ及びロに掲げる採草放牧地（同号ロ(1)に掲げる採草放牧地を含む。）以外の採草放牧地を採草放牧地以外のものにするためこれらの権利を取得しようとする場合において、申請に係る農地又は採草放牧地に代えて周辺の他の土地を供することにより当該申請に係る事業の目的を達成することができると認められるとき。

三　第三条第一項本文に掲げる権利を取得しようとする者に申請に係る農地を農地以外のものにする行為又は申請に係る採草放牧地を採草放牧地以外のものにする行為を行うために必要な資力及び信用があると認められないこと、申請に係る農地を農地以外のものにする行為又は申請に係る採草放牧地を採草放牧地以外のものにする行為の妨げとなる権利を有する者の同意を得ていないことその他農林水産省令で定める事由により、申請に係る農地又は採草放牧地の全てを住宅の用、事業の用に供する施設の用その他の当該申請に係る用途に供することが確実と認められない場合

四　申請に係る農地を農地以外のものにすること又は申請に係る採草放牧地を採草放牧地以外のものにすることにより、土砂の流出又は崩壊その他の災害を発生させるおそれがあると認められる場合、農業用用排水施設の有する機能に支障を及ぼすおそれがあると認められる場合その他の周辺の農地又は採草放牧地に係る営農条件に支障を生ずるおそれがあると認められる場合

五　仮設工作物の設置その他の一時的な利用に供するため所有権を取得しようとする場合

六　仮設工作物の設置その他の一時的な利用に供するため、農地につき所有権以外の第三条第一項本文に掲げる権利を取得しようとする場合においてその利用に供された後にその土地が耕作の目的に供されることが確実と認められないとき、又は採草放牧地につきこれらの権利を取得しようとする場合においてその利用に供された後にその土地が耕作の目的若しくは主として耕作若しくは養畜の事業のための採草若しくは家畜の放牧の目的に供されることが確実と認められないとき。

七　農地を採草放牧地にするため第三条第一項本文に掲げ

る権利を取得しようとする場合において、同条第二項の規定により同条第一項の許可をすることができない場合に該当すると認められるとき。

3　第三条第五項及び第七項並びに前条第二項から第五項までの規定は、第一項の場合に準用する。この場合において、同条第四項中「申請書が」とあるのは「申請書が、農地を農地以外のものにするため又は採草放牧地を採草放牧地以外のもの（農地を除く。）にするためこれらの土地について第三条第一項本文に掲げる権利を取得する行為であつて、」と、「農地を農地以外のものにする行為」とあるのは「農地又はその農地と併せて採草放牧地についてこれらの権利を取得するもの」と読み替えるものとする。

4　国又は都道府県等が、農地を農地以外のものにするため又は採草放牧地を採草放牧地以外のものにするため、これらの土地について第三条第一項本文に掲げる権利を取得しようとする場合（第一項各号のいずれかに該当する場合を除く。）においては、国又は都道府県等と都道府県知事等との協議が成立することをもつて第一項の許可があつたものとみなす。

5　前条第九項及び第十項の規定は、都道府県知事等が前項の協議を成立させようとする場合について準用する。この場合において、同条第十項中「準用する」とあるのは、「準用する。この場合において、第四項中「申請書が」とあるのは「申請書が、農地を農地以外のものにするため又は採草放牧地を採草放牧地以外のもの（農地を除く。）にするためこれらの土地について第三条第一項本文に掲げる権利を取得する行為であつて、」と、「農地を農地以外のものにする行為」とあるのは「農地又はその農地と併せて採草放牧地についてこれらの権利を取得するもの」と読み替えるものとする。

（立入調査）

第十四条　農業委員会は、農業委員会等に関する法律第三十五条第一項の規定による立入調査のほか、第七条第一項の規定による買収をするため必要があるときは、委員、推進委員（同法第十七条第一項に規定する推進委員をいう。次項において同じ。）又は職員に法人の事務所その他の事業場に立ち入らせて必要な調査をさせることができる。

2　前項の規定により立入調査をする委員、推進委員又は職員は、その身分を示す証明書を携帯し、関係者にこれを提示しなければならない。

3　第一項の規定による立入調査の権限は、犯罪捜査のために認められたものと解してはならない。

（農地又は採草放牧地の賃貸借の対抗力）

第十六条　農地又は採草放牧地の賃貸借は、その登記がなくても、農地又は採草放牧地の引渡があつたときは、これをもつてその後その農地又は採草放牧地について物権を取得した第三者に対抗することができる。

2　民法第五百六十六条第一項及び第三項（用益的権利による制限がある場合の売主の担保責任）の規定は、登記をしていない賃貸借の目的である農地又は採草放牧地が売買の目的物である場合に準用する。

3　民法第五百三十三条（同時履行の抗弁）の規定は、前項の場合に準用する。

> **注**　第一六条は、平成二九年六月法律第四五号により次のように改正され、民法改正法の施行の日〔平成三二年四月一日〕から施行
>
> 第二項及び第三項を削る。

（農地又は採草放牧地の賃貸借の更新）

第十七条　農地又は採草放牧地の賃貸借について期間の定めがある場合において、その当事者が、その期間の満了の一年前から六月前まで（賃貸人又はその世帯員等の死亡又は第二条第二項に掲げる事由によりその土地について耕作、採草又は家畜の放牧をすることができないため、一時賃貸をしたことが明らかな場合は、その期間の満了の六月前から一月前まで）の間に、相手方に対して更新をしない旨の通知をしないときは、従前の賃貸借と同一の条件で更に賃貸借をしたものとみなす。ただし、水田裏作を目的とする賃貸借でその期間が一年未満であるもの、第三十七条から第四十条までの規定によつて設定された農地中間管理権に係る賃貸借、農業経営基盤強化促進法第十九条の規定による公告があつた農用地利用集積計画の定めるところによつて設定され、又は移転された同法第四条第四項第一号に規定する利用権に係る賃貸借及び農地中間管理事業の推進に関する法律第十八条第五項の規定による公告があつた農用地利用配分計画の定めるところによつて設定され、又は移転された賃借権に係る賃貸借については、この限りでない。

（農地又は採草放牧地の賃貸借の解約等の制限）

第十八条　農地又は採草放牧地の賃貸借の当事者は、政令で定めるところにより都道府県知事の許可を受けなければ、賃貸借の解除をし、解約の申入れをし、合意による解約をし、又は賃貸借の更新をしない旨の通知をしてはならない。ただし、次の各号のいずれかに該当する場合は、この限りでない。

一　解約の申入れ、合意による解約又は賃貸借の更新をしない旨の通知が、信託事業に係る信託財産につき行われる場合（その賃貸借がその信託財産に係る信託の引受け前から既に存していたものである場合及び解約の申入れ又は合意による解約にあつてはこれらの行為によつて賃貸借の終了する日、賃貸借の更新をしない旨の通知にあつてはその賃貸借の期間の満了する日がその信託に係る信託行為によりその信託が終了することとなる日前一年以内にない場合を除く。）

二　合意による解約が、その解約によつて農地若しくは採草放牧地を引き渡すこととなる期限前六月以内に成立した合意でその旨が書面において明らかであるものに基づいて行われる場合又は民事調停法による農事調停によつて行われる場合

三　賃貸借の更新をしない旨の通知が、十年以上の期間の定めがある賃貸借（解約をする権利を留保しているもの及び期間の満了前にその期間を変更したものでその変更をした時以後の期間が十年未満であるものを除く。）又は水田裏作を目的とする賃貸借につき行われる場合

四　第三条第三項の規定の適用を受けて同条第一項の許可を受けて設定された賃借権に係る賃貸借の解除が、賃借人がその農地又は採草放牧地を適正に利用していないと認められる場合において、農林水産省令で定めるところによりあらかじめ農業委員会に届け出て行われる場合

五　農業経営基盤強化促進法第十九条の規定による公告があつた農用地利用集積計画の定めるところによつて同法第十八条第二項第六号に規定する者に設定された賃借権に係る賃貸借の解除が、その者がその農地又は採草放牧地を適正に利用していないと認められる場合において、農林水産省令で定めるところによりあらかじめ農業委員会に届け出て行われる場合

六　農地中間管理機構が農地中間管理事業の推進に関する法律第二条第三項第一号に掲げる業務の実施により借り受け、又は同項第二号に掲げる業務の実施により貸し付けた農地又は採草放牧地に係る賃貸借の解除が、同法第二十条又は第二十一条第二項の規定により都道府県知事の承認を受けて行われる場合

2　前項の許可は、次に掲げる場合でなければ、してはならない。

一　賃借人が信義に反した行為をした場合

二　その農地又は採草放牧地を農地又は採草放牧地以外のものにすることを相当とする場合

三　賃借人の生計（法人にあつては、経営）、賃貸人の経営能力等を考慮し、賃貸人がその農地又は採草放牧地を耕作又は養畜の事業に供することを相当とする場合
四　その農地について賃借人が第三十六条第一項の規定による勧告を受けた場合
五　賃借人である農地所有適格法人が農地所有適格法人でなくなつた場合並びに賃借人である農地所有適格法人の構成員となつている賃貸人がその法人の構成員でなくなり、その賃貸人又はその世帯員等がその許可を受けた後において耕作又は養畜の事業に供すべき農地及び採草放牧地の全てを効率的に利用して耕作又は養畜の事業を行うことができると認められ、かつ、その事業に必要な農作業に常時従事すると認められる場合
六　その他正当の事由がある場合
3　都道府県知事は、第一項の規定により許可をしようとするときは、あらかじめ、都道府県機構の意見を聴かなければならない。ただし、農業委員会等に関する法律第四十二条第一項の規定による都道府県知事の指定がされていない場合は、この限りでない。
4　第一項の許可は、条件をつけてすることができる。
5　第一項の許可を受けないでした行為は、その効力を生じない。
6　農地又は採草放牧地の賃貸借につき解約の申入れ、合意による解約又は賃貸借の更新をしない旨の通知が第一項ただし書の規定により同項の許可を要しないで行なわれた場合には、これらの行為をした者は、農林水産省令で定めるところにより、農業委員会にその旨を通知しなければならない。
7　前条又は民法第六百十七条（期間の定めのない賃貸借の解約の申入れ）若しくは第六百十八条（期間の定めのある賃貸借の解約をする権利の留保）の規定と異なる賃貸借の条件でこれらの規定による場合に比して賃借人に不利なものは、定めないものとみなす。
8　農地又は採草放牧地の賃貸借に付けた解除条件（第三条第三項第一号、農業経営基盤強化促進法第十八条第二項第六号及び農地中間管理事業の推進に関する法律第十八条第二項第五号に規定する条件を除く。）又は不確定期限は、付けないものとみなす。

（農地又は採草放牧地の賃貸借の存続期間）

第十九条　農地又は採草放牧地の賃貸借についての民法第六百四条（賃貸借の存続期間）の規定の適用については、同条中「二十年」とあるのは、「五十年」とする。

注　第一九条は、平成二九年六月法律第四五号により次のように改正され、民法改正法の施行の日〔平成三二年四月一日〕から施行

第十九条を次のように改める。

第十九条　削除

（利用状況調査）

第三十条　農業委員会は、農林水産省令で定めるところにより、毎年一回、その区域内にある農地の利用の状況についての調査（以下「利用状況調査」という。）を行わなければならない。

2　農業委員会は、必要があると認めるときは、いつでも利用状況調査を行うことができる。

（農業委員会に対する申出）

第三十一条　次に掲げる者は、次条第一項各号のいずれかに該当する農地があると認めるときは、その旨を農業委員会に申し出て適切な措置を講ずべきことを求めることができる。

一　その農地の存する市町村の区域の全部又は一部をその地区の全部又は一部とする農業協同組合、土地改良区その他の農林水産省令で定める農業者の組織する団体

二　その農地の周辺の地域において農業を営む者（その農地によつてその者の営農条件に著しい支障が生じ、又は生ずるおそれがあると認められるものに限る。）

三　農地中間管理機構

2　農業委員会は、前項の規定による申出があつたときは、当該農地についての利用状況調査その他適切な措置を講じなければならない。

（利用意向調査）

第三十二条　農業委員会は、第三十条の規定による利用状況調査の結果、次の各号のいずれかに該当する農地があるときは、農林水産省令で定めるところにより、その農地の所有者（その農地について所有権以外の権原に基づき使用及び収益をする者がある場合には、その者。以下「所有者等」という。）に対し、その農地の農業上の利用の意向についての調査（以下「利用意向調査」という。）を行うものとする。

一　現に耕作の目的に供されておらず、かつ、引き続き耕作の目的に供されないと見込まれる農地

二　その農業上の利用の程度がその周辺の地域における農地の利用の程度に比し著しく劣つていると認められる農地（前号に掲げる農地を除く。）

2　前項の場合において、その農地（その農地について所有

権以外の権原に基づき使用及び収益をする者がある場合には、その権利）が数人の共有に係るものであつて、かつ、相当な努力が払われたと認められるものとして政令で定める方法により探索を行つてもなおその農地の所有者等の一部を確知することができないときは、農業委員会は、その農地の所有者等で知れているものの持分が二分の一を超えるときに限り、その農地の所有者等で知れているものに対し、同項の規定による利用意向調査を行うものとする。

3　農業委員会は、第三十条の規定による利用状況調査の結果、第一項各号のいずれかに該当する農地がある場合において、相当な努力が払われたと認められるものとして政令で定める方法により探索を行つてもなおその農地の所有者等（その農地（その農地について所有権以外の権原に基づき使用及び収益をする者がある場合には、その権利）が数人の共有に係る場合には、その農地又は権利について二分の一を超える持分を有する者。第一号、第五十三条第一項及び第五十五条第二項において同じ。）を確知することができないときは、次に掲げる事項を公示するものとする。この場合において、その農地（その農地について所有権以外の権原に基づき使用及び収益をする者がある場合には、その権利）が数人の共有に係るものであつて、かつ、その農地の所有者等で知れているものがあるときは、その者にその旨を通知するものとする。

一　その農地の所有者等を確知できない旨

二　その農地の所在、地番、地目及び面積並びにその農地が第一項各号のいずれに該当するかの別

三　その農地の所有者等は、公示の日から起算して六月以内に、農林水産省令で定めるところにより、その権原を証する書面を添えて、農業委員会に申し出るべき旨

四　その他農林水産省令で定める事項

4　前項第三号に規定する期間内に同項の規定による公示に係る農地の所有者等から同号の規定による申出があつたときは、農業委員会は、その者に対し、第一項の規定による利用意向調査を行うものとする。

5　前項の場合において、その農地（その農地について所有権以外の権原に基づき使用及び収益をする者がある場合には、その権利）が数人の共有に係るものであるときは、農業委員会は、第三項第三号の規定による申出の結果、その農地の所有者等で知れているものの持分が二分の一を超えるときに限り、その農地の所有者等で知れているものに対し、第一項の規定による利用意向調査を行うものとする。

6　前各項の規定は、第四条第一項又は第五条第一項の許可

に係る農地その他農林水産省令で定める農地については、適用しない。

第三十三条　農業委員会は、耕作の事業に従事する者が不在となり、又は不在となることが確実と認められるものとして農林水産省令で定める農地があるときは、その農地の所有者等に対し、利用意向調査を行うものとする。

2　前条第二項から第五項までの規定は、前項に規定する農地がある場合について準用する。この場合において、同条第二項中「前項」とあるのは「次条第一項」と、同条第三項第二号中「面積並びにその農地が第一項各号のいずれに該当するかの別」とあるのは「面積」と、同条第四項及び第五項中「第一項」とあるのは「次条第一項」と読み替えるものとする。

3　前二項の規定は、第四条第一項又は第五条第一項の許可に係る農地その他農林水産省令で定める農地については、適用しない。

（農地の利用関係の調整）

第三十四条　農業委員会は、第三十二条第一項又は前条第一項の規定による利用意向調査を行つたときは、これらの利用意向調査に係る農地の所有者等から表明されたその農地の農業上の利用の意向についての意思の内容を勘案しつつ、その農地の農業上の利用の増進が図られるよう必要なあつせんその他農地の利用関係の調整を行うものとする。

（農地中間管理機構等による協議の申入れ）

第三十五条　農業委員会は、第三十二条第一項又は第三十三条第一項の規定による利用意向調査を行つた場合において、これらの利用意向調査に係る農地（農地中間管理事業の事業実施地域に存するものに限る。次条第一項及び第四十一条第一項において同じ。）の所有者等から、農地中間管理事業を利用する意思がある旨の表明があつたときは、農地中間管理機構に対し、その旨を通知するものとする。

2　前項の規定による通知を受けた農地中間管理機構は、速やかに、当該農地の所有者等に対し、その農地に係る農地中間管理権の取得に関する協議を申し入れるものとする。ただし、その農地が農地中間管理事業の推進に関する法律第八条第一項に規定する農地中間管理事業規程において定める同条第二項第二号に規定する基準に適合しない場合において、その旨を農業委員会及び当該農地の所有者等に通知したときは、この限りでない。

3　農業委員会は、第三十二条第一項又は第三十三条第一項の規定による利用意向調査を行つた場合において、これらの利用意向調査に係る農地（農業経営基盤強化促進法第四条第三項に規定する農地利用集積円滑化事業の事業実施地域に存するものに限る。）の所有者から、農地所有者代理事業（同法第四条第三項第一号イに規定する農地所有者代理事業をいう。）を利用する意思がある旨の表明があつたときは、農地利用集積円滑化団体に対し、その旨を通知するものとする。

4　第二項本文の規定は、前項の規定による通知を受けた農地利用集積円滑化団体について準用する。この場合において、第二項本文中「農地中間管理権の取得」とあるのは、「次項に規定する農地所有者代理事業の実施」と読み替えるものとする。

（農地中間管理権の取得に関する協議の勧告）

第三十六条　農業委員会は、第三十二条第一項又は第三十三条第一項の規定による利用意向調査を行つた場合において、次の各号のいずれかに該当するときは、これらの利用意向調査に係る農地の所有者等に対し、農地中間管理機構による農地中間管理権の取得に関し当該農地中間管理機構と協議すべきことを勧告するものとする。ただし、当該各号に該当することにつき正当の事由があるときは、この限りでない。

一　当該農地の所有者等からその農地を耕作する意思がある旨の表明があつた場合において、その表明があつた日から起算して六月を経過した日においても、その農地の農業上の利用の増進が図られていないとき。

二　当該農地の所有者等からその農地の所有権の移転又は賃借権その他の使用及び収益を目的とする権利の設定若しくは移転を行う意思がある旨の表明（前条第一項又は第三項に規定する意思の表明を含む。）があつた場合において、その表明があつた日から起算して六月を経過した日においても、これらの権利の設定又は移転が行われないとき。

三　当該農地の所有者等にその農地の農業上の利用を行う意思がないとき。

四　これらの利用意向調査を行つた日から起算して六月を経過した日においても、当該農地の所有者等からその農地の農業上の利用の意向についての意思の表明がないとき。

五　前各号に掲げるときのほか、当該農地について農業上の利用の増進が図られないことが確実であると認められるとき。

2　農業委員会は、前項の規定による勧告を行つたときは、その旨を農地中間管理機構（当該農地について所有権以外の権原に基づき使用及び収益をする者がある場合には、農地中間管理機構及びその農地の所有者）に通知するものとする。

（裁定の申請）

第三十七条　農業委員会が前条第一項の規定による勧告をした場合において、当該勧告があつた日から起算して二月以内に当該勧告を受けた者との協議が調わず、又は協議を行うことができないときは、農地中間管理機構は、当該勧告があつた日から起算して六月以内に、農林水産省令で定めるところにより、都道府県知事に対し、当該勧告に係る農地について、農地中間管理権（賃借権に限る。第三十九条第一項及び第二項並びに第四十条第二項において同じ。）の設定に関し裁定を申請することができる。

（意見書の提出）

第三十八条　都道府県知事は、前条の規定による申請があつたときは、農林水産省令で定める事項を公告するとともに、当該申請に係る農地の所有者等にこれを通知し、二週間を下らない期間を指定して意見書を提出する機会を与えなければならない。

2　前項の意見書を提出する者は、その意見書において、その者の有する権利の種類及び内容、その者が前条の規定による申請に係る農地について農地中間管理機構との協議が調わず、又は協議を行うことができない理由その他の農林水産省令で定める事項を明らかにしなければならない。

3　都道府県知事は、第一項の期間を経過した後でなければ、裁定をしてはならない。

（裁定）

第三十九条　都道府県知事は、第三十七条の規定による申請に係る農地が、前条第一項の意見書の内容その他当該農地の利用に関する諸事情を考慮して引き続き農業上の利用の増進が図られないことが確実であると見込まれる場合において、農地中間管理機構が当該農地について農地中間管理事業を実施することが当該農地の農業上の利用の増進を図るため必要かつ適当であると認めるときは、その必要の限度において、農地中間管理権を設定すべき旨の裁定をするものとする。

2　前項の裁定においては、次に掲げる事項を定めなければならない。

一　農地中間管理権を設定すべき農地の所在、地番、地目及び面積

二　農地中間管理権の内容

三　農地中間管理権の始期及び存続期間

四　借賃
五　借賃の支払の相手方及び方法
3　第一項の裁定は、前項第一号から第三号までに掲げる事項については申請の範囲を超えてはならず、同号に規定する存続期間については二十年を限度としなければならない。
4　都道府県知事は、第一項の裁定をしようとするときは、あらかじめ、都道府県機構の意見を聴かなければならない。ただし、農業委員会等に関する法律第四十二条第一項の規定による都道府県知事の指定がされていない場合は、この限りでない。

（裁定の効果等）

第四十条　都道府県知事は、前条第一項の裁定をしたときは、農林水産省令で定めるところにより、遅滞なく、その旨を農地中間管理機構及び当該裁定の申請に係る農地の所有者等に通知するとともに、これを公告しなければならない。当該裁定についての審査請求に対する裁決によつて当該裁定の内容が変更されたときも、同様とする。
2　前条第一項の裁定について前項の規定による公告があつたときは、当該裁定の定めるところにより、農地中間管理機構と当該裁定に係る農地の所有者等との間に当該農地についての農地中間管理権の設定に関する契約が締結されたものとみなす。
3　民法第二百七十二条ただし書（永小作権の譲渡又は賃貸の禁止）及び第六百十二条（賃借権の譲渡及び転貸の制限）の規定は、前項の場合には、適用しない。

（所有者等を確知することができない場合における農地の利用）

第四十一条　農業委員会は、第三十二条第三項（第三十三条第二項において読み替えて準用する場合を含む。以下この項において同じ。）の規定による公示をした場合において、第三十二条第三項第三号に規定する期間内に当該公示に係る農地（同条第一項第二号に該当するものを除く。）の所有者等から同条第三項第三号の規定による申出がないとき（その農地（その農地について所有権以外の権原に基づき使用及び収益をする者がある場合には、その権利）が数人の共有に係るものである場合において、当該申出の結果、その農地の所有者等で知れているものの持分が二分の一を超えないときを含む。）は、農地中間管理機構に対し、その旨を通知するものとする。この場合において、農地中間管理機構は、当該通知の日から起算して四月以内に、農林水産省令で定めるところにより、都道府県知事に対し、当該農地を利用する権利（以下「利用権」という。）の設定に関し裁定を申請することができる。

2　第三十八条及び第三十九条の規定は、前項の規定による申請があつた場合について準用する。この場合において、第三十八条第一項中「にこれを」とあるのは「で知れているものがあるときは、その者にこれを」と、第三十九条第一項及び第二項第一号から第三号までの規定中「農地中間管理権」とあるのは「利用権」と、同項第四号中「借賃」とあるのは「借賃に相当する補償金の額」と、同項第五号中「借賃の支払の相手方及び」とあるのは「補償金の支払の」と読み替えるものとする。

3　都道府県知事は、前項において読み替えて準用する第三十九条第一項の裁定をしたときは、農林水産省令で定めるところにより、遅滞なく、その旨を農地中間管理機構（当該裁定の申請に係る農地の所有者等で知れているものがあるときは、その者及び農地中間管理機構）に通知するとともに、これを公告しなければならない。当該裁定についての審査請求に対する裁決によつて当該裁定の内容が変更されたときも、同様とする。

4　第二項において読み替えて準用する第三十九条第一項の裁定について前項の規定による公告があつたときは、当該裁定の定めるところにより、農地中間管理機構は、利用権を取得する。

5　農地中間管理機構は、第二項において読み替えて準用する第三十九条第一項の裁定において定められた利用権の始期までに、当該裁定において定められた補償金を当該農地の所有者等のために供託しなければならない。

6　前項の規定による補償金の供託は、当該農地の所在地の供託所にするものとする。

7　第十六条の規定は、第四項の規定により農地中間管理機構が取得する利用権について準用する。この場合において、同条第一項中「その登記がなくても、農地又は採草放牧地の引渡があつた」とあるのは、「その設定を受けた者が当該農地の占有を始めた」と読み替えるものとする。

（措置命令）

第四十二条　市町村長は、第三十二条第一項各号のいずれかに該当する農地における病害虫の発生、土石その他これに類するものの堆積その他政令で定める事由により、当該農地の周辺の地域における営農条件に著しい支障が生じ、又は生ずるおそれがあると認める場合には、必要な限度において、当該農地の所有者等に対し、期限を定めて、その支障の除去又は発生の防止のために必要な措置（以下この条において「支障の除去等の措置」という。）を講ずべきことを命ずることができる。

2　前項の規定による命令をするときは、農林水産省令で定める事項を記載した命令書を交付しなければならない。

3　市町村長は、第一項に規定する場合において、次の各号のいずれかに該当すると認めるときは、自らその支障の除去等の措置の全部又は一部を講ずることができる。この場合において、第二号に該当すると認めるときは、相当の期限を定めて、当該支障の除去等の措置を講ずべき旨及びその期限までに当該支障の除去等の措置を講じないときは、自ら当該支障の除去等の措置を講じ、当該措置に要した費用を徴収する旨を、あらかじめ、公告しなければならない。

一　第一項の規定により支障の除去等の措置を講ずべきことを命ぜられた農地の所有者等が、当該命令に係る期限までに当該命令に係る措置を講じないとき、講じても十分でないとき、又は講ずる見込みがないとき。

二　第一項の規定により支障の除去等の措置を講ずべきことを命じようとする場合において、相当な努力が払われたと認められるものとして政令で定める方法により探索を行つてもなお当該支障の除去等の措置を命ずべき農地の所有者等を確知することができないとき。

三　緊急に支障の除去等の措置を講ずる必要がある場合において、第一項の規定により支障の除去等の措置を講ずべきことを命ずるいとまがないとき。

4　市町村長は、前項の規定により同項の支障の除去等の措置の全部又は一部を講じたときは、当該支障の除去等の措置に要した費用について、農林水産省令で定めるところにより、当該農地の所有者等に負担させることができる。

5　前項の規定により負担させる費用の徴収については、行政代執行法（昭和二十三年法律第四十三号）第五条及び第六条の規定を準用する。

（立入調査）

第四十九条　農林水産大臣、都道府県知事又は指定市町村の長は、この法律による買収その他の処分をするため必要があるときは、その職員に他人の土地又は工作物に立ち入つて調査させ、測量させ、又は調査若しくは測量の障害となる竹木その他の物を除去させ、若しくは移転させることができる。

2　前項の職員は、その身分を示す証明書を携帯し、その土地又は工作物の所有者、占有者その他の利害関係人にこれを提示しなければならない。

3　第一項の場合には、農林水産大臣、都道府県知事又は指定市町村の長は、農林水産省令で定める手続に従い、あらかじめ、その土地又は工作物の占有者にその旨を通知しなければならない。ただし、通知をすることができない場合その他特別の事情がある場合には、公示をもつて通知に代えることができる。

4　第一項の規定による立入は、工作物、宅地及びかき、さく等で囲まれた土地に対しては、日出から日没までの間でなければしてはならない。

5　国又は都道府県等は、第一項の土地又は工作物の所有者又は占有者が同項の規定による調査、測量又は物件の除去若しくは移転によつて損失を受けた場合には、政令で定めるところにより、その者に対し、通常生ずべき損失を補償する。

6　第一項の規定による立入調査の権限は、犯罪捜査のために認められたものと解してはならない。

（報告）

第五十条　農林水産大臣、都道府県知事又は指定市町村の長は、この法律を施行するため必要があるときは、土地の状況等に関し、農業委員会又は農業委員会等に関する法律第四十四条第一項に規定する機構から必要な報告を求めることができる。

（違反転用に対する処分）

第五十一条　都道府県知事等は、政令で定めるところにより、次の各号のいずれかに該当する者（以下この条において「違反転用者等」という。）に対して、土地の農業上の利用の確保及び他の公益並びに関係人の利益を衡量して特に必要があると認めるときは、その必要の限度において、第四条若しくは第五条の規定によつてした許可を取り消し、その条件を変更し、若しくは新たに条件を付し、又は工事その他の行為の停止を命じ、若しくは相当の期限を定めて原状回復その他違反を是正するため必要な措置（以下この条において「原状回復等の措置」という。）を講ずべきことを命ずることができる。

一　第四条第一項若しくは第五条第一項の規定に違反した者又はその一般承継人

二　第四条第一項又は第五条第一項の許可に付した条件に違反している者

三　前二号に掲げる者から当該違反に係る土地について工事その他の行為を請け負つた者又はその工事その他の行為の下請人

四　偽りその他不正の手段により、第四条第一項又は第五

条第一項の許可を受けた者
2　前項の規定による命令をするときは、農林水産省令で定める事項を記載した命令書を交付しなければならない。
3　都道府県知事等は、第一項に規定する場合において、次の各号のいずれかに該当すると認めるときは、自らその原状回復等の措置の全部又は一部を講ずることができる。この場合において、第二号に該当すると認めるときは、相当の期限を定めて、当該原状回復等の措置を講ずべき旨及びその期限までに当該原状回復等の措置を講じないときは、自ら当該原状回復等の措置を講じ、当該措置に要した費用を徴収する旨を、あらかじめ、公告しなければならない。
一　第一項の規定により原状回復等の措置を講ずべきことを命ぜられた違反転用者等が、当該命令に係る期限までに当該命令に係る措置を講じないとき、講じても十分でないとき、又は講ずる見込みがないとき。
二　第一項の規定により原状回復等の措置を講ずべきことを命じようとする場合において、相当な努力が払われたと認められるものとして政令で定める方法により探索を行つてもなお当該原状回復等の措置を命ずべき違反転用者等を確知することができないとき。
三　緊急に原状回復等の措置を講ずる必要がある場合において、第一項の規定により原状回復等の措置を講ずべきことを命ずるいとまがないとき。
4　都道府県知事等は、前項の規定により同項の原状回復等の措置の全部又は一部を講じたときは、当該原状回復等の措置に要した費用について、農林水産省令で定めるところにより、当該違反転用者等に負担させることができる。
5　前項の規定により負担させる費用の徴収については、行政代執行法第五条及び第六条の規定を準用する。

（農地に関する情報の利用等）

第五十一条の二　都道府県知事、市町村長及び農業委員会は、その所掌事務の遂行に必要な限度で、その保有する農地に関する情報を、その保有に当たつて特定された利用の目的以外の目的のために内部で利用し、又は相互に提供することができる。
2　都道府県知事、市町村長及び農業委員会は、その所掌事務の遂行に必要な限度で、関係する地方公共団体、農地中間管理機構その他の者に対して、農地に関する情報の提供を求めることができる。

（情報の提供等）

第五十二条　農業委員会は、農地の農業上の利用の増進及び農地の利用関係の調整に資するほか、その所掌事務を的確に行うため、農地の保有及び利用の状況、借賃等の動向その他の農地に関する情報の収集、整理、分析及び提供を行うものとする。

（農地台帳の作成）

第五十二条の二　農業委員会は、その所掌事務を的確に行うため、前条の規定による農地に関する情報の整理の一環として、一筆の農地ごとに次に掲げる事項を記録した農地台帳を作成するものとする。

一　その農地の所有者の氏名又は名称及び住所

二　その農地の所在、地番、地目及び面積

三　その農地に地上権、永小作権、質権、使用貸借による権利、賃借権又はその他の使用及び収益を目的とする権利が設定されている場合にあつては、これらの権利の種類及び存続期間並びにこれらの権利を有する者の氏名又は名称及び住所並びに借賃等（第四十一条第二項において読み替えて準用する第三十九条第一項の裁定において定められた補償金を含む。）の額

四　その他農林水産省令で定める事項

2　農地台帳は、その全部を磁気ディスク（これに準ずる方法により一定の事項を確実に記録しておくことができる物を含む。）をもつて調製するものとする。

3　農地台帳の記録又は記録の修正若しくは消去は、この法律の規定による申請若しくは届出又は前条の規定による農地に関する情報の収集により得られた情報に基づいて行うものとし、農業委員会は、農地台帳の正確な記録を確保するよう努めるものとする。

4　前三項に規定するもののほか、農地台帳に関し必要な事項は、農林水産省令で定める。

（農地台帳及び農地に関する地図の公表）

第五十二条の三　農業委員会は、農地に関する情報の活用の促進を図るため、第五十二条の規定による農地に関する情報の提供の一環として、農地台帳に記録された事項（公表することにより個人の権利利益を害するものその他の公表することが適当でないものとして農林水産省令で定めるものを除く。）をインターネットの利用その他の方法により公表するものとする。

2　農業委員会は、農地に関する情報の活用の促進に資するよう、農地台帳のほか、農地に関する地図を作成し、これをインターネットの利用その他の方法により公表するものとする。

3　前条第二項から第四項までの規定は、前項の地図について準用する。

（違反転用に対する措置の要請）

第五十二条の四　農業委員会は、必要があると認めるときは、都道府県知事等に対し、第五十一条第一項の規定による命令その他必要な措置を講ずべきことを要請することができる。

（指示及び代行）

第五十八条　農林水産大臣は、この法律の目的を達成するため特に必要があると認めるときは、この法律に規定する農業委員会の事務（第六十三条第一項第二号から第五号まで、第七号から第十一号まで、第十三号、第十四号、第十六号、第十七号、第二十号及び第二十一号並びに第二項各号に掲げるものを除く。）の処理に関し、農業委員会に対し、必要な指示をすることができる。

2　農林水産大臣は、この法律の目的を達成するため特に必要があると認めるときは、この法律に規定する都道府県知事又は指定市町村の長の事務（第六十三条第一項第二号、第六号、第八号、第十二号及び第十八号から第二十号までに掲げるものを除く。次項において同じ。）の処理に関し、都道府県知事又は指定市町村の長に対し、必要な指示をすることができる。

3　農林水産大臣は、都道府県知事又は指定市町村の長が前項の指示に従わないときは、この法律に規定する都道府県知事又は指定市町村の長の事務を処理することができる。

4　農林水産大臣は、前項の規定により自ら処理するときは、その旨を告示しなければならない。

（是正の要求の方式）

第五十九条　農林水産大臣は、次に掲げる都道府県知事の事務の処理が農地又は採草放牧地の確保に支障を生じさせていることが明らかであるとして地方自治法第二百四十五条の五第一項の規定による求めを行うときは、当該都道府県知事が講ずべき措置の内容を示して行うものとする。

一　第四条第一項及び第八項の規定により都道府県知事が処理することとされている事務（同一の事業の目的に供するため四ヘクタールを超える農地を農地以外のものにする行為に係るものを除く。）

二　第五条第一項及び第四項の規定により都道府県知事が処理することとされている事務（同一の事業の目的に供するため四ヘクタールを超える農地又はその農地と併せて採草放牧地について第三条第一項本文に掲げる権利を取得する行為に係るものを除く。）

2　農林水産大臣は、次に掲げる市町村の事務の処理が農地又は採草放牧地の確保に支障を生じさせていることが明らかであるとして地方自治法第二百四十五条の五第二項の指示を行うときは、当該市町村が講ずべき措置の内容を示して行うものとする。

一　第四条第一項及び第八項の規定により指定市町村の長が処理することとされている事務（同一の事業の目的に供するため四ヘクタールを超える農地を農地以外のものにする行為に係るものを除く。）

二　第五条第一項及び第四項の規定により指定市町村の長が処理することとされている事務（同一の事業の目的に供するため四ヘクタールを超える農地又はその農地と併せて採草放牧地について第三条第一項本文に掲げる権利を取得する行為に係るものを除く。）

三　前項各号に掲げる都道府県知事の事務を地方自治法第二百五十二条の十七の二第一項の条例の定めるところにより市町村が処理することとされた場合における当該市町村の当該事務

（大都市の特例）

第五十九条の二　第十八条第一項及び第三項の規定により都道府県が処理することとされている事務並びにこれらの事務に係る第四十九条第一項、第三項及び第五項並びに第五十条の規定により都道府県が処理することとされている事務のうち、指定都市の区域内にある農地又は採草放牧地に係るものについては、当該指定都市が処理するものとする。この場合においては、この法律中前段に規定する事務に係る都道府県又は都道府県知事に関する規定は、指定都市又は指定都市の長に関する規定として指定都市又は指定都市の長に適用があるものとする。

（権限の委任）

第六十二条　この法律に規定する農林水産大臣の権限は、農林水産省令で定めるところにより、その一部を地方農政局長に委任することができる。

（事務の区分）

第六十三条　この法律の規定により都道府県又は市町村が処理することとされている事務のうち、次の各号及び次項各号に掲げるもの以外のものは、地方自治法第二条第九項第一号に規定する第一号法定受託事務とする。

一　第三条第四項の規定により市町村が処理することとされている事務（同項の規定により農業委員会が処理することとされている事務を除く。）

二　第四条第一項、第二項及び第八項の規定により都道府県等が処理することとされている事務（同一の事業の目的に供するため四ヘクタールを超える農地を農地以外のものにする行為に係るものを除く。）
三　第四条第三項の規定により市町村が処理することとされている事務（意見を付する事務に限る。）
四　第四条第三項の規定により市町村（指定市町村に限る。）が処理することとされている事務（申請書を送付する事務（同一の事業の目的に供するため四ヘクタールを超える農地を農地以外のものにする行為に係るものを除く。）に限る。）
五　第四条第四項及び第五項（これらの規定を同条第十項において準用する場合を含む。）の規定により市町村が処理することとされている事務
六　第四条第九項の規定により都道府県等が処理することとされている事務（意見を聴く事務（同一の事業の目的に供するため四ヘクタールを超える農地を農地以外のものにする行為に係るものを除く。）に限る。）
七　第四条第九項の規定により市町村が処理することとされている事務（意見を述べる事務に限る。）
八　第五条第一項及び第四項の規定並びに同条第三項において準用する第四条第二項の規定により都道府県等が処理することとされている事務（同一の事業の目的に供するため四ヘクタールを超える農地又はその農地と併せて採草放牧地について第三条第一項本文に掲げる権利を取得する行為に係るものを除く。）
九　第五条第三項において準用する第四条第三項の規定により市町村が処理することとされている事務（意見を付する事務に限る。）
十　第五条第三項において準用する第四条第三項の規定により市町村（指定市町村に限る。）が処理することとされている事務（申請書を送付する事務（同一の事業の目的に供するため四ヘクタールを超える農地又はその農地と併せて採草放牧地について第三条第一項本文に掲げる権利を取得する行為に係るものを除く。）に限る。）
十一　第五条第三項において読み替えて準用する第四条第四項及び第五項の規定並びに第五条第五項において読み替えて準用する第四条第十項において読み替えて準用する同条第四項及び第五項の規定により市町村が処理することとされている事務
十二　第五条第五項において準用する第四条第九項の規定により都道府県等が処理することとされている事務（意見を聴く事務（同一の事業の目的に供するため四ヘクタールを超える農地又はその農地と併せて採草放牧地について第三条第一項本文に掲げる権利を取得する行為に

係るものを除く。）に限る。）

十三　第五条第五項において準用する第四条第九項の規定により市町村が処理することとされている事務（意見を述べる事務に限る。）

十四　第三十条、第三十一条、第三十二条第一項、同条第二項から第五項まで（これらの規定を第三十三条第二項において準用する場合を含む。）、第三十三条第一項、第三十四条、第三十五条第一項及び第三項、第三十六条並びに第四十一条第一項の規定により市町村が処理することとされている事務

十五　第四十二条の規定により市町村が処理することとされている事務

十六　第四十三条第一項の規定により市町村（指定市町村に限る。）が処理することとされている事務（同一の事業の目的に供するため四ヘクタールを超える農地をコンクリートその他これに類するもので覆う行為に係るものを除く。）

十七　第四十四条の規定により市町村が処理することとされている事務

十八　第四十九条第一項、第三項及び第五項並びに第五十条の規定により都道府県等が処理することとされている事務（第二号、第八号及び次号に掲げる事務に係るものに限る。）

十九　第五十一条の規定により都道府県等が処理することとされている事務（第二号及び第八号に掲げる事務に係るものに限る。）

二十　第五十一条の二の規定により都道府県又は市町村が処理することとされている事務

二十一　第五十二条から第五十二条の三までの規定により市町村が処理することとされている事務

2　この法律の規定により市町村が処理することとされている事務のうち、次に掲げるものは、地方自治法第二条第九項第二号に規定する第二号法定受託事務とする。

一　第四条第一項第七号の規定により市町村（指定市町村を除く。）が処理することとされている事務（同一の事業の目的に供するため四ヘクタールを超える農地を農地以外のものにする行為に係るものを除く。）

二　第四条第三項の規定により市町村（指定市町村を除く。）が処理することとされている事務（申請書を送付する事務（同一の事業の目的に供するため四ヘクタールを超える農地を農地以外のものにする行為に係るものを除く。）に限る。）

三　第五条第一項第六号の規定により市町村（指定市町村を除く。）が処理することとされている事務（同一の事業の目的に供するため四ヘクタールを超える農地又はその農地と併せて採草放牧地について第三条第一項本文に掲げる権利を取得する行為に係るものを除く。）

四　第五条第三項において準用する第四条第三項の規定により市町村（指定市町村を除く。）が処理することとされている事務（申請書を送付する事務（同一の事業の目的に供するため四ヘクタールを超える農地又はその農地と併せて採草放牧地について第三条第一項本文に掲げる権利を取得する行為に係るものを除く。）に限る。）

五　第四十三条第一項の規定により市町村（指定市町村を除く。）が処理することとされている事務（同一の事業の目的に供するため四ヘクタールを超える農地をコンクリートその他これに類するもので覆う行為に係るものを除く。）

第六十四条　次の各号のいずれかに該当する者は、三年以下の懲役又は三百万円以下の罰金に処する。

一　第三条第一項、第四条第一項、第五条第一項又は第十八条第一項の規定に違反した者

二　偽りその他不正の手段により、第三条第一項、第四条第一項、第五条第一項又は第十八条第一項の許可を受けた者

三　第五十一条第一項の規定による都道府県知事等の命令に違反した者

第六十五条　第四十九条第一項の規定による職員の調査、測量、除去又は移転を拒み、妨げ、又は忌避した者は、六月以下の懲役又は三十万円以下の罰金に処する。

第六十六条　第四十二条第一項の規定による市町村長の命令に違反した者は、三十万円以下の罰金に処する。

第六十七条　法人の代表者又は法人若しくは人の代理人、使用人その他の従業者が、その法人又は人の業務又は財産に関し、次の各号に掲げる規定の違反行為をしたときは、行為者を罰するほか、その法人に対して当該各号に定める罰金刑を、その人に対して各本条の罰金刑を科する。

一　第六十四条第一号若しくは第二号（これらの規定中第四条第一項又は第五条第一項に係る部分に限る。）又は第三号　一億円以下の罰金刑

二　第六十四条（前号に係る部分を除く。）又は前二条　各本条の罰金刑

第六十八条　第六条第一項の規定に違反して、報告をせず、又は虚偽の報告をした者は、三十万円以下の過料に処す

る。

第六十九条　第三条の三の規定に違反して、届出をせず、又は虚偽の届出をした者は、十万円以下の過料に処する。

判例索引

事項索引

【き】

【さ】

【し】

【せ】

【そ】

［略歴］
宮﨑　直己（みやざき　なおき）
1951年　岐阜県生まれ
1975年　名古屋大学法学部卒業
同　年　岐阜県職員
1990年　愛知県弁護士会において弁護士登録
現　在　弁護士

［主著］
農業委員の法律知識（新日本法規出版、1999年）
基本行政法テキスト（中央経済社、2001年）
判例からみた農地法の解説（新日本法規出版、2002年）
交通事故賠償問題の知識と判例（技術書院、2004年）
農地法概説（信山社、2009年）
設例農地法入門［改訂版］（新日本法規出版、2010年）
交通事故損害賠償の実務と判例（大成出版社、2011年）
Q&A 交通事故損害賠償法入門（大成出版社、2013年）
農地法の設例解説（大成出版社、2016年）
農地法講義［改訂版］（大成出版社、2016年）
判例からみた労働能力喪失率の認定（新日本法規出版、2017年）
農地法読本〔四訂版〕（大成出版社、2017年）
設例農地民法解説（大成出版社、2017年）
農地法の実務解説〔三訂版〕（新日本法規出版、2018年）

農地事務担当者の行政法総論

2019年３月10日　第１版第１刷発行

著　者　宮　﨑　直　己
発行者　箕　浦　文　夫
発行所　株式会社大成出版社
東京都世田谷区羽根木１－７－11
〒156-0042　電話　03(3321)4131(代)
https://www.taisei-shuppan.co.jp

印刷　信教印刷

落丁・乱丁はおとりかえいたします。

ISBN978-4-8028-3357-8